# 図解 LabVIEW 実習 第2版

ゼロからわかるバーチャル計測器

堀 桂太郎 著

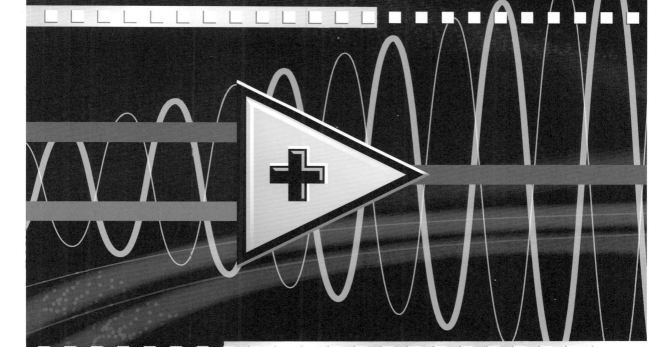

森北出版株式会社

> 本書は LabVIEW 2015 に対応しています.
> LabVIEW™ は National Instruments の商標です.

● 本書のサポート情報を当社Webサイトに掲載する場合があります.
下記のURLにアクセスし,サポートの案内をご覧ください.

https://www.morikita.co.jp/support/

● 本書の内容に関するご質問は,森北出版 出版部「(書名を明記)」係宛に書面にて,もしくは下記のe-mailアドレスまでお願いします.なお,電話でのご質問には応じかねますので,あらかじめご了承ください.

editor@morikita.co.jp

● 本書により得られた情報の使用から生じるいかなる損害についても,当社および本書の著者は責任を負わないものとします.

■ 本書に記載している製品名,商標および登録商標は,各権利者に帰属します.

■ 本書を無断で複写複製(電子化を含む)することは,著作権法上での例外を除き,禁じられています.複写される場合は,そのつど事前に(一社)出版者著作権管理機構(電話03-5244-5088, FAX03-5244-5089, e-mail:info@jcopy.or.jp)の許諾を得てください.また本書を代行業者等の第三者に依頼してスキャンやデジタル化することは,たとえ個人や家庭内での利用であっても一切認められておりません.

# 第 2 版 まえがき

　「図解 LabVIEW 実習」の初版発行から 9 年以上が経ちますが，その間，幸いにして多くの読者からご好評を賜り，増刷を続けてきました．LabVIEW が多くの生産現場や教育機関で受け入れられてきたことの証だと考えています．初版となる同書では，LabVIEW のバージョン 8.0 に対応し，PCI インタフェースを備えたデータ集録ボードを使って解説を行いました．しかしながら，近年では，LabVIEW のバージョン更新が進み，データ集録には USB インタフェースを用いるのが主流となっています．これらの変化に対応するため，第 2 版を発行する運びとなりました．

　本書の実習環境は，LabVIEW 2015，データ集録用に各種の USB インタフェースデバイスを扱うこととしました．また，OS は Windows 7 Enterprise（32 ビット版）を使用しました．

　初版が多くの読者に受け入れられた事実を考慮して，扱うレベルや範囲については初版と同程度としましたが，USB インタフェースデバイスを使用することで，従来よりも低コストかつ容易にシステムを構築できるようになりました．さらに，全体の説明をよりわかりやすくなるように点検・修正を行うと同時に，LabVIEW 2015 で新たに追加されたり，変更されたりした機能についての解説やショートカットキー一覧を掲載するなどの加筆を行いました．本書が，初版と同様に LabVIEW の基礎をマスターする最初の一歩を踏み出すための入門書としてお役に立つことを心より願っています．

　最後になりましたが，初版に引き続き，第 2 版の発行においてもご協力をいただいた National Instruments 社西日本営業部の竹内淳一氏ほか，同社の皆様に感謝致します．また，第 2 版発行の機会を与えてくださった森北出版の森北博巳氏，藤原祐介氏，ならびに編集でお世話になった太田陽喬氏，宮地亮介氏にこの場を借りて厚く御礼申し上げます．

2016 年 4 月

著　者

＜本書で扱うソースファイルは，以下の URL から入手可能です＞
森北出版　http://www.morikita.co.jp/books/mid/084632

# まえがき

　LabVIEW は，National Instruments（略して NI）社が，1986 年に開発したバーチャル計測器（仮想計測器）を実現するための統合開発環境です．LabVIEW を用いれば，データの集録から解析，表示までの全過程をパソコン上で行うことができます．また，各種制御や画像処理など，実に多くの処理を実行することが可能です．

　筆者は，LabVIEW をはじめて使用したとき，そのすばらしさに驚嘆しました．そして，体に震えがくる程の興奮を感じたのを，ときを経た今でもよく覚えています．LabVIEW を使えば，それまでよりも大幅に少ない経費で，より高性能なシステムを比較的容易に構築することができます．また，生産現場だけでなく，研究開発や学生実験などでも活用できます．使用できるアドオンソフトや各種ボードなどの周辺機器も充実しています．本書執筆の動機は，LabVIEW が多くの人にとって役立つツールであると確信したためです．

　本書は，はじめて LabVIEW を使用する方々を対象にした入門書で，バージョン 8 に対応しています．図を多く用いたわかりやすい説明を心がけました．また，読者が実習を行いながら読み進めることで理解を深められるように，具体的な操作手順を丁寧に示しました．本書が，LabVIEW を使いこなす最初の一歩を踏み出すための入門書としてお役に立つことを心より願っています．

　最後になりましたが，本書執筆にあたり多大なご協力をいただいた NI 社アカデミックプログラムマネージャのユジェル・ウグルル氏，コンサルティングエンジニアの飯田大輔氏，日本セールスプロジェクトマネージャの岩下達彦氏ほか，同社の皆様に心から感謝致します．また，本書執筆の機会を与えてくださった森北出版の森北博巳氏，ならびに編集でお世話になった山崎まゆ氏にこの場を借りて厚く御礼申し上げます．

2006 年 8 月

堀　桂太郎

# 目次

## 第1章　LabVIEW とは …………………………………………………… 1
### 1.1　バーチャル計測器とは ………………………………………………… 2
- 1.1.1　バーチャル計測器の考え方　▶　2
- 1.1.2　バーチャル計測器の構成　▶　5

### 1.2　LabVIEW の概要 ………………………………………………………… 7
- 1.2.1　LabVIEW の用途　▶　7
- 1.2.2　LabVIEW を用いたプログラミング　▶　7

### 1.3　LabVIEW の製品ファミリ …………………………………………… 10
- 1.3.1　LabVIEW に関する情報　▶　10
- 1.3.2　アドオンツール　▶　10
- 1.3.3　DAQ デバイス　▶　12
- 1.3.4　GPIB 関連　▶　12

### 1.4　LabVIEW の入手とインストール …………………………………… 14
- 1.4.1　LabVIEW の入手　▶　14
- 1.4.2　LabVIEW のインストール　▶　15

演習問題1 ……………………………………………………………………… 22

## 第2章　LabVIEW の使い方 …………………………………………… 23
### 2.1　LabVIEW の各種パレット …………………………………………… 24
- 2.1.1　LabVIEW の起動と終了　▶　24
- 2.1.2　ツールパレット　▶　26
- 2.1.3　制御器パレット　▶　27
- 2.1.4　関数パレット　▶　29
- 2.1.5　ヘルプ機能　▶　30

### 2.2　LabVIEW プログラミング入門 ……………………………………… 32
- 2.2.1　LabVIEW プログラミングの流れ　▶　32
- 2.2.2　プログラム作成実習　▶　32

演習問題2 ……………………………………………………………………… 44

## 第3章　LabVIEW プログラミングの基礎 ………………………… 45
### 3.1　ストラクチャ …………………………………………………………… 46
- 3.1.1　ストラクチャとは　▶　46
- 3.1.2　For ループ　▶　47
- 3.1.3　While ループ　▶　59
- 3.1.4　ケースストラクチャ　▶　70
- 3.1.5　フラットシーケンスストラクチャ　▶　75

### 3.2　配　列 …………………………………………………………………… 83
- 3.2.1　配列の配置　▶　83

3.2.2　配列関数　▶　90
 3.3　クラスタ ……………………………………………………………………… 95
   3.3.1　クラスタの配置　▶　95
   3.3.2　クラスタ関数　▶　101
 演習問題3 ……………………………………………………………………………… 108

# 第4章　LabVIEWのサブVIとファイル処理 …………………………… 109
 4.1　サブVI ………………………………………………………………………… 110
   4.1.1　2種類のサブVI　▶　110
   4.1.2　VI全体をサブVIとする方法　▶　110
   4.1.3　VIの一部をサブVIとする方法　▶　119
 4.2　ファイル ……………………………………………………………………… 125
   4.2.1　ファイルの書込み法　▶　125
   4.2.2　ファイルの読取り法　▶　130
 演習問題4 ……………………………………………………………………………… 133

# 第5章　LabVIEWを用いた計測制御 ……………………………………… 135
 5.1　データ集録 …………………………………………………………………… 136
   5.1.1　DAQデバイスの設定　▶　136
   5.1.2　太陽電池の電圧測定（アナログ入力）　▶　142
   5.1.3　正弦波の出力（アナログ出力）　▶　149
   5.1.4　オペアンプの特性測定（アナログ入出力）　▶　154
 5.2　計測器の制御 ………………………………………………………………… 164
   5.2.1　GPIBデバイスの準備　▶　164
   5.2.2　計測器の制御実習　▶　166
 5.3　画像処理 ……………………………………………………………………… 176
   5.3.1　画像処理用ソフトウェアの概要　▶　176
   5.3.2　NI Vision開発モジュールのインストール　▶　177
   5.3.3　USBカメラの認識　▶　178
 演習問題5 ……………………………………………………………………………… 191

演習問題解答 ……………………………………………………………………………… 192
参考文献 …………………………………………………………………………………… 194
さくいん …………………………………………………………………………………… 195

# 第 1 章

## LabVIEW とは

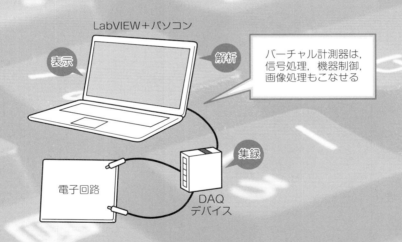

　たとえば，ある電子回路の出力信号を解析する場合を考えましょう．これまでは，オシロスコープなどの計測器を用いて出力信号データを集録し，そのデータをパソコンに転送してから解析処理と表示を行う方法が一般的でした．一方，LabVIEW を用いれば，出力信号データの集録から解析までの全過程をパソコン上で処理し，かつリアルタイムに結果表示を行うことができます．この章では，LabVIEW を用いて実現できるバーチャル計測器の考え方や LabVIEW の製品ファミリなどについて説明します．

## 1.1 バーチャル計測器とは

ディジタルマルチメータ（テスタ）やオシロスコープなどの計測器を用いて集録したデータを解析する場合には，パソコンを使用するのが一般的です．一方，バーチャル計測器（virtual instrument）を用いれば，データの集録から解析，表示までの全過程をパソコン上で行うことができます．ここでは，バーチャル計測器の概念を理解しましょう．

### 1.1.1 バーチャル計測器の考え方

ある電子回路の出力信号を計測して，データ処理する場合を考えましょう．図 1.1 に，ディジタルマルチメータを使用して測定したデータを FFT（高速フーリエ変換）処理して，その結果をグラフ表示するまでの流れを示します．

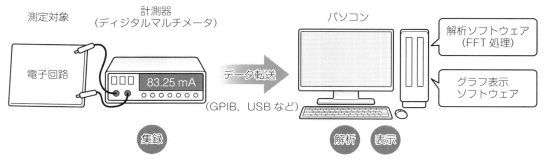

図 1.1　従来の計測処理の流れ

ディジタルマルチメータを使用して測定したデータを解析するためには，集録したデータをパソコンに転送する必要があります．計測器をパソコンに接続してデータ転送を行う標準的な規格は GPIB（IEEE 488）とよばれます．計測器が GPIB に対応していれば，ケーブルを介してパソコンに計測データを直接転送することができます．ただし，この場合にはパソコンに GPIB インタフェースボードを搭載しておく必要があります．このほか，広く普及している規格である USB を用いたシリアルデータ転送に対応した計測機器を使用する方法もあります．データ転送ができれば，信号解析ソフトウェアで FFT 処理を行い，その結果をグラフ表示ソフトウェアなどによってパソコン画面に表示します．

一方，図 1.2 は，パソコンとデータ集録（DAQ：data acquisition）デバイス（以降，DAQ デバイスとよびます）を搭載することで，データの集録から解析，表示までのすべての過程をパソコン上で行うシステムです．このように構成した計測システムをバーチャル計測器（または，仮想計測器）とよびます．従来の計測システムとバーチャル計測器を用いる場合の長所と短所を比較すると，表 1.1 のようになります．

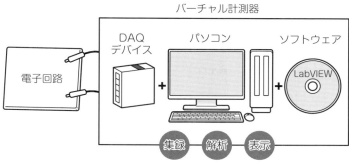

図 1.2　バーチャル計測器によるデータ処理

表 1.1　計測システムの特徴

| | 長　所 | 短　所 |
|---|---|---|
| 従来の計測システム | ・シリアルデータ転送（USB）では，パソコンにインタフェースボードが不要<br>・使い慣れた計測器をそのまま使用できる場合がある | ・シリアルデータ転送では，転送速度が遅い<br>・GPIB では，パソコンにインタフェースボードが必要<br>・計測器が必要<br>・複数の計測器を使用する場合には，計測器間の同期をとることが困難 |
| バーチャル計測器を用いたシステム | ・従来法のような転送時間が不要，つまり高速な処理が可能<br>・計測器が不要<br>・複数の計測器機能を使用する場合でも，機能間の同期をとることが容易 | ・DAQ デバイスが必要 |

　ディジタルマルチメータなどの専用測定器を使用する従来の計測方法では，システム構築後の測定対象に変更が生じた場合，高価な計測器を買い替える必要が生じることがあります．しかし，バーチャル計測器では，そのような測定器を使用しませんので，ソフトウェア的な修正によってシステム変更に対応できる可能性が高くなります．

　さて，バーチャル計測器の考え方をたとえ話によって説明しましょう．現在，パソコンに接続できる多くの周辺機器が市販されています．それらの周辺機器を接続すれば，たとえば，パソコンを用いて映画の集録された BD（Blu-ray Disc）の再生を行うことや，パソコンをテレビとして使用することなどが可能になります．ここでは，パソコンを用いて BD の再生を行うことを考えましょう．図 1.3 に，市販されている小型の専用 BD プレーヤとパソコンを用いた BD 再生システム（バーチャル BD プレーヤ）の例を示します．

　専用 BD プレーヤは，目的に応じた製品を選択して購入すれば，はじめから必要な機能が揃っており，使いやすい製品です．一方，パソコンを BD プレーヤに仕立て上げるには，BD ドライブやスピーカ，再生用ソフトウェアなどを用意してカスタマイズする必要があります．しかし，専用 BD プレーヤとは異なり，パソコンを用いた再生システムでは，ユーザの好みによって最適な機能を取り入れることが可能です．たとえば，再生できるディスクの種類が多い BD ドライブや，便

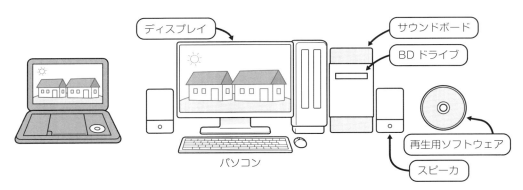

(a) 専用 BD プレーヤ　　　　　　　(b) バーチャル BD プレーヤ

図 1.3　2 種類の BD 再生方法

利な操作が行える再生ソフトウェアを自由に選択することができます．しかも，システム構築後であっても，システムの仕様を容易に変更することが可能です．さらに，パソコンの機能を使用すれば，BD の再生のみならず，再生画面を保存して加工処理することなども可能になります．このように，パソコンを用いて構成したバーチャル BD プレーヤは，ユーザに適したシステムを比較的容易に構成することができることに加えて，データ処理機能までも含んでいるのです．バーチャル計測器についても，この例と同様のことがいえます．つまり，バーチャル計測器とは，専用計測器を使用せずに，パソコンを用いて構成する自由度の大きな計測システムのことなのです（図 1.4）．

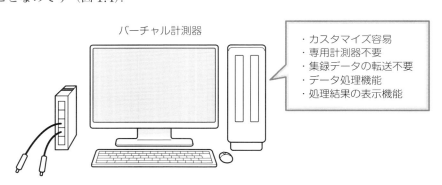

図 1.4　バーチャル計測器の利点

## 1.1.2 バーチャル計測器の構成

バーチャル計測器は，パソコン，DAQ デバイス，ソフトウェアの 3 要素によって構成することができます（図 1.5）．このうち，ソフトウェアとして使用するのが，本書のタイトルになっている LabVIEW（Laboratory Virtual Instrument Engineering Workbench）です．LabVIEW は，ナショナルインスツルメンツ（National Instruments，略して NI）社が，1986 年に開発したバーチャル計測器用のソフトウェアです．現在では，各種の DAQ デバイスや LabVIEW 関連製品が NI 社から販売されています．

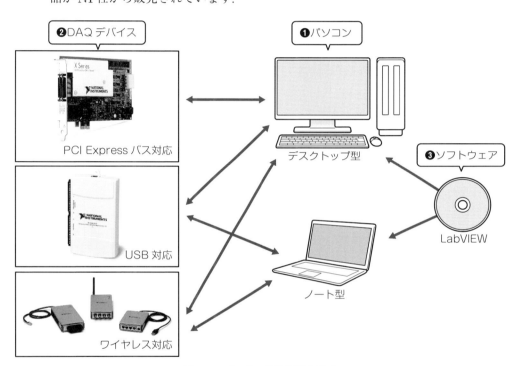

図 1.5　バーチャル計測器の構成

#### バーチャル計測器の構成要素（図 1.5）

❶ パソコン

　基本的には，デスクトップ型，ノートブック型のどちらでも使用可能です．ただし，使用する DAQ デバイスが接続できることを確認する必要があります．OS は，Windows，OS X（Mac OS），Linux のいずれかが使用できます．ただし，2016 年 7 月以降に出荷される LabVIEW バージョンは，Windows XP，Vista，Server2003 に対応しないと発表されています．

❷ DAQ デバイス

　たとえば，基本的なアナログデータを計測する場合には，A-D コンバータ機能をもった DAQ デバイスが必要となります．デスクトップ型パソコンを使用する場合には USB や PCI，PCI Express バス対応，ノートブック型パソコンを使用する場合には USB 対応の DAQ デバイスを用意します．このほか，Ethernet やワイヤレス（Wi-Fi）などに対応した製品も市販されています．

### ❸ ソフトウェア（LabVIEW）

LabVIEWは，データの集録，解析，表示を実現するソフトウェアを作成するためのバーチャル計測器用統合開発環境です．

図1.5では，一般的なパソコンを使用してバーチャル計測器を構成する例を示しました．一方，NI社からは，PXI（PCI extensions for instrumentation）とよばれる製品が市販されています．PXIは，パソコンの機能を含んだ，バーチャル計測器用のプラットフォームです．図1.6に示すPXIでは，シャーシ裏面にある複数のスロットルに，必要なボード型のDAQデバイスを挿入してバーチャル計測器を構成できます．PXIを使用すれば，可搬性や機械的信頼性に優れた高性能なバーチャル計測器が実現できます．

また，図1.7に示す教育用の学生向け機器や，図1.8に示す工学教育実験用の機器も市販されています．

図1.6 PXIの外観例

図1.7 教育用機器（myRIO）

図1.8 工学教育実験用の機器（ELVIS）

## 1.2 LabVIEWの概要

　LabVIEWは，NI社の開発したバーチャル計測器用の統合開発環境です．LabVIEWを使用すれば，ニーズに適したバーチャル計測器を自在に構成することができます．ここでは，LabVIEWの用途やプログラミングのイメージについて説明します．

### 1.2.1 LabVIEWの用途

　LabVIEWは，電子機器や半導体，自動車，通信，化学薬品など非常に多くの分野において，計測，検査，評価，実験，製造，制御などさまざまな用途で使用されています．また，産業界だけでなく，教育研究分野においても多くの研究所や大学・高専などで採用されています．

　NI社は，アメリカのテキサス州オースティンに本社を構える企業ですが，世界40箇国以上にセールスオフィスを有しています．日本では，日本ナショナルインスツルメンツ株式会社が全国各地に拠点をもって営業活動を行っています．

　世界の多くの技術者・研究者に認められて躍進を続けるLabVIEWをマスターしておくことは，理工系学生の方にとっても大いに意義があることでしょう（図1.9）．

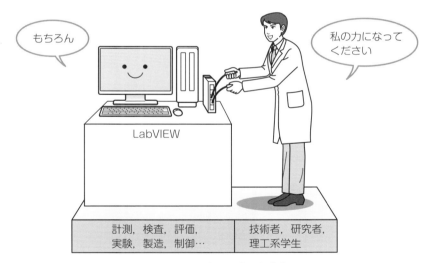

図1.9　LabVIEWをマスターしよう

### 1.2.2 LabVIEWを用いたプログラミング

　LabVIEWは，バーチャル計測器に使用するソフトウェアを開発できる統合開発環境です．LabVIEWによって開発したソフトウェアを使用すれば，バーチャル計測器によってデータの集録，解析，表示を実現することができます．つまり，バーチャル計測器を活用するためには，LabVIEWをマスターすることが必須となります．

LabVIEW で用いる言語は，従来の C 言語や Java 言語などのような文字列を用いた記述型のプログラミング言語ではありません．マイクロソフト社の開発した Visual Basic や Visual C++ などのように，視覚的な操作で作業を行うことのできるプログラミング言語です．したがって，あたかもお絵描きをするような感覚で容易にプログラミングを行うことができます（図 1.10）．

図 1.10　プログラミングのイメージ

図 1.11 に示すのは，LabVIEW でリサジュー曲線を表示するプログラムを起動した画面（フロントパネル）です．リサジュー曲線とは，2 つの正弦波を合成して描く曲線です．このプログラム（Lissajous with Express VIs.vi）は LabVIEW 2015 のサンプルプログラムとして用意されており，21 ページ図 1.38 の LabVIEW の起動画面から，［ヘルプ］➡［サンプルを検索］➡［基本機能］➡［グラフおよびチャート］と選択していけば起動することができます．

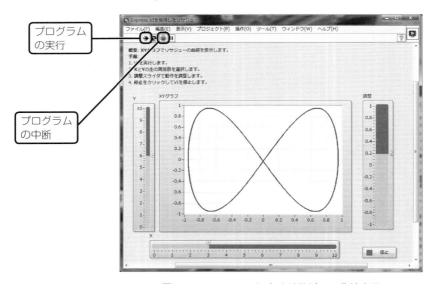

図 1.11　LabVIEW によるリサジュー曲線表示

図 1.11 は，2 つの正弦波の周波数の比を 1：2 にして表示した例です．2 つの正弦波は，LabVIEW の発振器関数を用いて生成した信号を用いていますので，DAQ デバイスなしでも動作させることが可能です．画面上のスライダを用いて，

正弦波の周波数などの変更を行うこともできます．図1.12は，このリサジュー曲線表示のプログラム画面（ブロックダイアグラム）です．この画面は，図1.11のメニューバーから，［ウィンドウ］➡［ブロックダイアグラムを表示］を選択すれば表示できます．

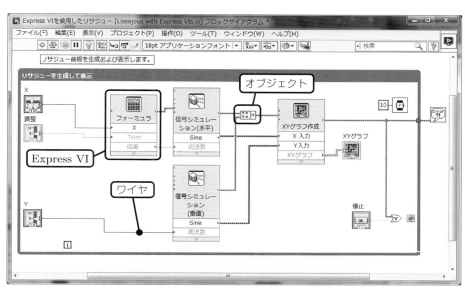

図1.12　LabVIEWのプログラム画面

図1.12では，オブジェクトやExpress VIとよばれる，ある機能をもったアイコンが多数配置されています．また，それらのアイコンがワイヤによって配線されています．このように，LabVIEWのプログラムは，データフローという考え方にもとづいて，画面上に配置したオブジェクトなどをワイヤ接続した構成をしています．また，データフローにもとづいてプログラムを作成することを，データフロープログラミングといいます．そして，プログラミング作業は，マウスを用いた視覚的な操作で簡単に行うことができます．ここでは図1.11，1.12を見て，LabVIEWプログラムのイメージを捉えていただくだけで結構です．実際のLabVIEWプログラミングの方法については，第2章以降で解説します．

教育機関向け教材として人気のあるレゴマインドストームのプログラミングソフトウェア「EV3」なども，LabVIEWをベースにして開発されました．

## 1.3 LabVIEW の製品ファミリ

LabVIEW には，数多くのソフトウェアやハードウェア関連製品が用意されています．ここでは，代表的な関連製品の概要をみてみましょう．

### 1.3.1 LabVIEW に関する情報

LabVIEW に関する情報は，NI 社のホームページから容易に入手することができます．図 1.13 に，日本 NI 社のホームページを示します（2016.4.21 現在）．

たとえば，LabVIEW の製品ファミリについての情報を得たければ，図 1.13 の［製品］をクリックします．

図 1.13　日本 NI 社のホームページ（http://japan.ni.com/）

### 1.3.2 アドオンツール

アドオンツールは，LabVIEW に組み込んで使用する特定機能をもったソフトウェアであり，多くの製品が販売されています．図 1.14 に，アドオンツールの分野別一覧を示します．たとえば，図 1.14 の［解析］分野では，図 1.15 に示すアドオンツールが用意されています．

図 1.15 の LabVIEW Advanced Signal Processing Toolkit（上級信号処理ツールキット）を使用すれば，ウェーブレット変換処理や各種フィルタの設計を容易に行えます．図 1.16 に，上級信号処理ツールキットの製品紹介ホームページを示します．

1.3 LabVIEWの製品ファミリ　11

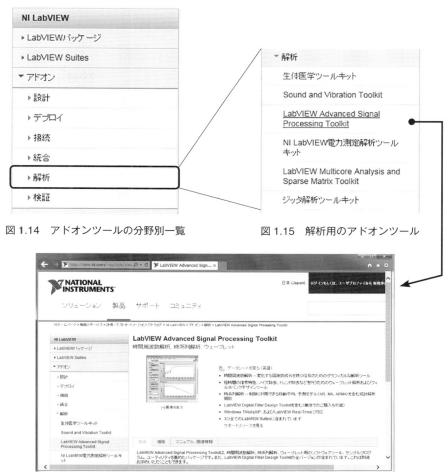

図1.14　アドオンツールの分野別一覧　　　図1.15　解析用のアドオンツール

図1.16　上級信号処理ツールキットの紹介ホームページ

また、図1.14の［デプロイ］に関するアドオンツール LabVIEW FPGA を使用すれば、FPGA（field programmable gate array）のアプリケーション開発などができます．FPGA は、設計者が構成を設定できる便利な IC です（図1.17）．

図1.17　LabVIEW FPGA モジュールの紹介ホームページ

## 1.3.3 DAQデバイス

DAQデバイス（図1.5参照）は，電圧や電流などの外部データの集録を行う際に使用します．図1.18に，DAQデバイスの製品紹介ホームページを示します．

図1.18 DAQデバイスの紹介ホームページ

パソコンとのインタフェースや，集録するアナログまたはディジタルデータのチャンネル数，最大サンプリングレートなどを考慮して，各自のニーズに対応できる製品を選んでください．

## 1.3.4 GPIB関連

LabVIEWでは，GPIBインタフェース（図1.19）を用いて計測器の制御を行うことも可能です．この場合には，パソコンにGPIBインタフェース用デバイスを接続します．

図1.19 GPIB計測器制御の紹介ホームページ

このほか，モータ制御などに使用する NI モーションコントロール（図 1.20）や画像処理に使用する NI Vision（図 1.21）など，豊富な製品が用意されています．また，製品マニュアルなどのテクニカルデータも公開されていますので，機種選定などの参考にすることができます．さらに，製品についての情報やシステム構成などについては，NI 社のテクニカルアドバイザーに相談することも可能です．ソフトウェア，ハードウェアとも，教育・研究用途向けにはアカデミック価格が設定されています．

図 1.20　NI モーションコントロールの紹介ホームページ

図 1.21　NI Vision の紹介ホームページ

## 1.4 LabVIEW の入手とインストール

ここでは，LabVIEW の入手方法とパソコンへのインストール例について説明します．第 2 章からの LabVIEW 実習に向けてのプログラミング環境を整えておきましょう．

### 1.4.1 LabVIEW の入手

LabVIEW は，使用できる機能の違いから，ベースパッケージ，開発システム，プロフェッショナル開発システムなどいくつかの異なったパッケージで販売されています．アカデミック向けには，割引価格が設定されており，とくに学生版の「LabVIEW Student Edition」は格安で提供されています．また，無料で体験できる評価版も用意されています．最新の評価版は，NI 社のホームページからダウンロードできます（図 1.22）．また，DVD を請求する方法もあります．

いずれにしても，LabVIEW は NI 社から入手することになりますので，各自の用途に適したパッケージを用意してください．筆者としては，扱える機能の豊富さなどから，開発システム以上のパッケージを用意することをお勧めします．購入方法は，ウェブからの注文，FAX による注文などから選択できます（図 1.23）．

図 1.22　LabVIEW のダウンロード（http://www.ni.com/trylabview/ja/）

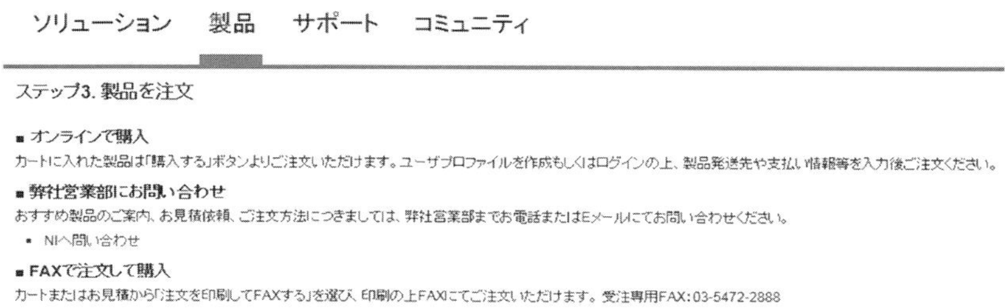

図 1.23　LabVIEW 購入方法（NI 社のホームページより）

## 1.4.2 LabVIEW のインストール

ここでは，LabVIEW 2015 無料評価版（日本語版）を NI 社のホームページ（図1.22）からダウンロードして，パソコン（Windows 7）にインストールする手順を説明します．この無料評価版は，最大 52 日間の使用が可能です．LabVIEW 2015（Windows 用）統合開発環境をインストールできる主なシステム要件は，表 1.2 のとおりです．

表 1.2 LabVIEW 2015（Windows 用）統合開発環境のシステム要件

| 項　目 | 要　件 |
|---|---|
| OS | Windows 8.1 / 8 / 7 / Vista（32 ビット / 64 ビット）<br>Windows XP SP3（32 ビット）<br>Windows Server 2012 R2（64 ビット）<br>Windows Server 2008 R2（64 ビット）<br>Windows Server 2003 R2（32 ビット） |
| CPU | Pentium 4-M（または同等）以降（32 ビット）<br>Pentium 4 G1（または同等）以降（64 ビット） |
| RAM | 1 GB |
| ハードディスク確保容量 | 5 GB |
| 画面解像度 | 1024 × 768 ピクセル |

### 実習 1.1　LabVIEW のダウンロード

① LabVIEW をダウンロードするには，NI 社のホームページ上でユーザプロファイルを作成して，ログインする必要があります（図 1.24）．

図 1.24　ユーザプロファイル作成（ログイン）画面

② ログインしたら，LabVIEW 無料評価版（日本語版）をダウンロードしますが，はじめに，ダウンローダをダウンロードします．その後，ダウンローダのアイコン（図 1.25）をダブルクリックすれば，LabVIEW 無料評価版（日本語版）のダウンロードが始まります（図 1.26）．

図 1.25　ダウンローダのアイコン　　　　　図 1.26　LabVIEW 無料評価版（日本語版）

③ LabVIEW 無料評価版（日本語版）のダウンロードが終了すれば，図 1.27 に示すアイコンのファイルが得られます．

図 1.27　LabVIEW 無料評価版（日本語版）のアイコン

## 実習 1.2　LabVIEW のインストール

① LabVIEW 無料評価版のアイコン（図 1.27）をダブルクリックして起動します．LabVIEW ファイルは圧縮されていますので，図 1.28 に示す画面で解凍先のフォルダなどを指定します．通常は，そのまま［Unzip］をクリックすれば問題ありません．

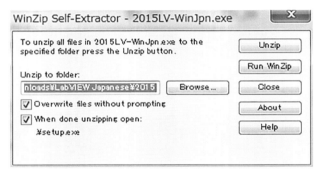

図 1.28　解凍先フォルダの指定画面

② ファイルの解凍が終了したら，図 1.29 に示す LabVIEW のインストール画面で［次へ］をクリックします．

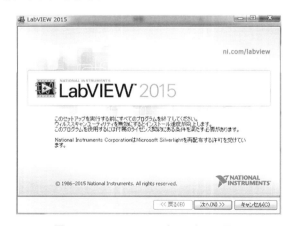

図 1.29　LabVIEW のインストール画面

③ 続いて表示される画面に，氏名，会社名/組織名を入力して［次へ］をクリックします．

1.4 LabVIEWの入手とインストール　17

④ 図1.30に示すシリアル番号入力画面が表示されます．評価版として使用する場合には，入力欄を空白にしたまま［次へ］をクリックします．

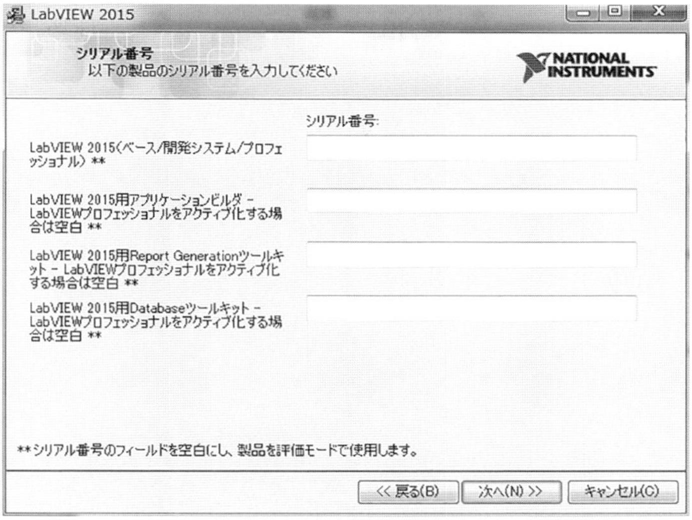

図1.30　シリアル番号入力画面

⑤ 続いて表示される画面でインストール先フォルダを指定します．
⑥ 図1.31に示すインストール機能選択画面が表示されます．ここでは，そのまま［次へ］をクリックして進みます．

図1.31　インストール機能選択の画面

⑦ 続いて，製品の通知設定画面やライセンス契約画面などが表示されますので，内容を確認しながら，［次へ］をクリックして進みます．

⑧ LabVIEW のインストールが始まります（図 1.32）．

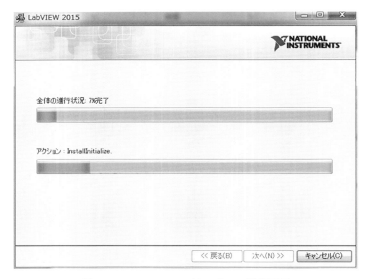

図 1.32　LabVIEW のインストール進行画面

⑨ 図 1.33 に示すハードウェアサポートのインストール画面が表示されます．この画面では，LabVIEW にハードウェア機器を接続して使用する場合に必要となるデバイスドライバのインストールについて指定します．評価版としてインストールしている場合は，［サポートを辞退］をクリックすれば先に進めます．この場合は，後から必要に応じて，NI 社のホームページ［サポート］からデバイスドライバを入手してインストールしてください．もし，正規版をインストールしており，付属デバイスドライバ DVD などを持っている場合には，ここでインストールしておきましょう．

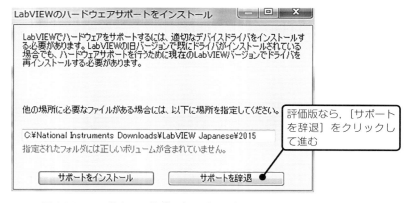

図 1.33　ハードウェアサポートのインストール画面

1.4 LabVIEW の入手とインストール　19

⑩ LabVIEW のインストールが完了すれば，図 1.34 に示す画面が表示されます．

図 1.34　インストール完了画面

⑪ 続いて，カスタマエクスペリエンス向上プログラムへの参加登録画面などが表示されますので，内容を確認しながら設定をしてください．
⑫ 再起動を要求する画面が表示されたら，パソコンを再起動しましょう．以上でインストール作業は終了です．

## 実習 1.3　LabVIEW の起動

① 図 1.35 に示すスタートメニューから，NI LabVIEW 2015 を選択して LabVIEW を起動します．

図 1.35　スタートメニュー

② 図 1.36 に示すライセンスのステータス画面が表示されますので，［LabVIEW を起動］をクリックします．また，ここでは使用しませんが，製品のシリアル番号またはアクティブ化コードを持っている場合は，図 1.36 にある［製品をアクティブ化］から入力することで，LabVIEW を正規版として使用することが可能になります．

図 1.36　ライセンスのステータス画面

③ 評価版を使用できる期間は 7 日ですが，以下の手続きで手続き日から 45 日間の使用が可能です．
④ すると，図 1.37 に示す評価期間の延長画面が表示されますので,［はい］をクリックします．

図 1.37　評価期間の延長画面

⑤ 続いて表示される画面で，e メールアドレスとパスワード（図 1.24 で使用したユーザプロファイルと同じデータ）を入力して NI 社のアカウントにログインします．これで，評価版をこの時点から 45 日間使用できるようになります．

⑥ 図 1.38 に LabVIEW の起動画面を示します．

図 1.38　LabVIEW の起動画面

⑦ LabVIEW を終了させる場合は，図 1.38 の画面右上の ■X■ をクリックします．

**演習問題 1**

1. 次の①〜⑤までの記述のうち，バーチャル計測器の利点と考えられるものはどれか答えなさい．
   ① 専用の計測器を使用しない
   ② システム構築後の変更が容易
   ③ DAQデバイスを使用する
   ④ 計測システムを柔軟にカスタマイズできる
   ⑤ 無料でシステムを構築することができる

2. バーチャル計測器を用いて，ある電子回路の出力データを解析したい．このときに最低限必要な機材を次の①〜⑤から選びなさい．
   ① LabVIEW
   ② パソコン
   ③ ディジタルマルチメータ
   ④ DAQデバイス
   ⑤ 表計算ソフトウェア

3. バーチャル計測器における，PXIとはどのような製品か簡単に説明しなさい．

4. LabVIEWでは，どのような特徴をもったプログラミング言語を使用するか簡単に説明しなさい．

5. LabVIEWにおけるアクティブ化とは何か，簡単に説明しなさい．

6. 日本NI社のホームページ（図1.13）にアクセスして，LabVIEWの最新バージョンナンバーや新たに追加された機能などに関する情報を調べなさい．

7. LabVIEWの製品パッケージには，どのような種類があるか．また，それらの機能の違いについて調べなさい．

# 第 2 章
# LabVIEW の使い方

　この章の前半では，LabVIEW の各種パレットの基礎について説明します．そして，章の後半では，実際に簡単なプログラムを作成して動作させるまでの手順を示します．はじめの段階では，あまり詳細なことにこだわらずに，プログラミングの流れをつかむつもりで学習を進めるとよいでしょう．実際にプログラミングを行いながら実習を進めれば，あたかもお絵描きをするような感覚でバーチャル計測器を実現できることが体感できることと思います．本書では，LabVIEW 2015 開発システムを用いて説明を行います．使用した OS は，Windows 7 Enterprise 32 ビット版です．

## 2.1 LabVIEW の各種パレット

　LabVIEW には，マウスポインタの形を変えて各種の操作を行うためのツールパレットや制御器や関数などが格納されている制御器パレット，関数パレットがあります．ここでは，これらパレットについての基礎事項を説明します．また，LabVIEW のヘルプ機能についても説明します．

### 2.1.1 LabVIEW の起動と終了

#### ▶▶▶ LabVIEW の起動

　パソコン画面左下の［スタートメニュー］➡［すべてのプログラム］➡［NI LabVIEW 2015］を選択して LabVIEW を起動します（19 ページの図 1.35 参照）．すると，図 2.1 に示すスタートアップウィンドウが表示されます．このウィンドウは，［プロジェクトを作成］部と［ファイルを開く］部によって構成されています．ここでは，新規のプログラムを作成することを前提にしますので，［プロジェクトを作成］部から［ブランク VI］を選択します．一方，既存のファイル（VI）を開く場合には，［ファイルを開く］部から選択します．

図 2.1　スタートアップウィンドウ

　図 2.2(a) に示すフロントパネルと，図 (b) に示すブロックダイアグラムウィンドウが表示されます．これら 2 種類のウィンドウは，重なって表示されることがあります．その場合には，図 2.3 に示すように，どちらかのウィンドウのメニューバーの［ウィンドウ］➡［左右にならべて表示］を選択するなどして配置を容易に変更できます．

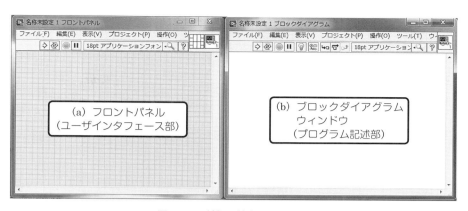

図 2.2　2 種類の基本ウィンドウ

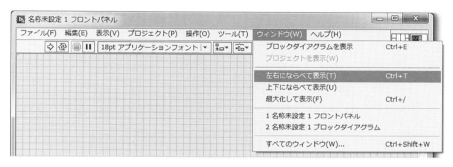

図 2.3　表示方法の変更

　フロントパネルとブロックダイアグラムウィンドウは，LabVIEW プログラミングにおいて基本となるウィンドウです．

• **フロントパネル（ウィンドウ）**

　LabVIEW で作成したプログラムのユーザインタフェース画面になります．この画面を用いて，データを変化させることや，処理結果の表示方法を変更することなどが可能となります．

• **ブロックダイアグラムウィンドウ**

　データの流れを考慮した，データフロープログラミングを行うウィンドウです．マウスを用いてブロックダイアグラムを作成すれば，それがそのまま LabVIEW のプログラムとして使用できます．

#### ▶▶▶ LabVIEW の終了

　スタートアップウィンドウ（図 2.1），またはフロントパネル（図 2.2(a)）右上のアイコン ✕ をクリックして閉じれば，LabVIEW が終了します．

　一方，ブロックダイアグラムウィンドウ右上の ✕ をクリックした場合には，ブロックダイアグラムウィンドウが閉じますが，LabVIEW は起動したままになります．閉じたブロックダイアグラムウィンドウを開くには，フロントパネル（図 2.3）でメニューバーの［ウィンドウ］➡［ブロックダイアグラムを表示］を選択します．

## 2.1.2 ツールパレット

ツールパレットは，マウスの機能を選択するためのパレットです．ツールパレットを表示するには，メニューバーの［表示］➡［ツールパレット］を選択します（図2.4）．

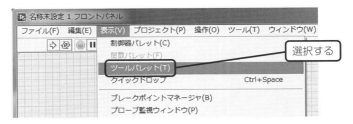

図 2.4 ツールパレットの表示

ツールパレットの表示のように，LabVIEW では多くのメニューがフロントパネルとブロックダイアグラムウィンドウの両方に用意されており，どちらも同じように使用できます．また，「Shift」キーを押しながら右クリックすれば，ツールパレットを一時的に表示することができます．図 2.5 にツールパレット，表 2.1 に主なツールの機能を示します．

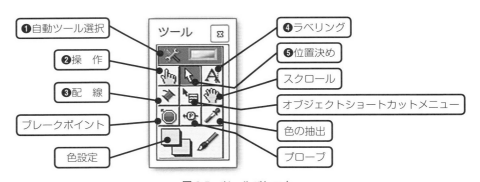

図 2.5 ツールパレット

表 2.1 主なツールの機能

| ツール | | 機 能 |
|---|---|---|
| ❶自動ツール選択 | | 対応するツールを自動選択します． |
| ❷操 作 | | フロントパネルの制御器や表示器を操作します．テキストベースの制御器上に移動すると，テキストポインタに変化します． |
| ❸配 線 | | ブロックダイアグラムを作成するためのワイヤを配線します．ワイヤ上に移動すると，ワイヤのデータタイプをヘルプウィンドウに表示します．ヘルプウィンドウは「Ctrl + H」キー（または，メニューバーの［ヘルプ］➡［詳細ヘルプを表示］）で表示できます． |
| ❹ラベリング | | ラベルにテキスト入力を行います． |
| ❺位置決め | | オブジェクトの選択，移動，サイズ変更を行います． |

❶の自動ツール選択をクリックして有効（アイコンの LED が点灯している状態）にしておけば，マウスポインタの移動によって適切な機能を自動選択することができます．たとえば，マウスポインタが図 2.6(a)の位置では［位置決めツール］，図(b)の位置では［配線ツール］が自動選択されます．

（a） 位置決めツールの自動選択　　　（b） 配線ツールの自動選択

図 2.6　自動ツール選択の例

❸の配線ツールは，移動中にクリックすることで，ワイヤを 90°曲げることができます（図 2.7）．また，移動中に右クリックすれば，ワイヤをクリアできます．

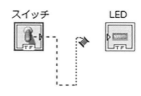

図 2.7　ワイヤを曲げた例

## 2.1.3　制御器パレット

フロントパネル内で右クリックすると，図 2.8(a)に示す制御器パレットが表示されます．さらに，このパレット内のアイコン上にマウスポインタを移動すると，図(b)に示すようにアイコンに対応するサブパレットが表示されます．

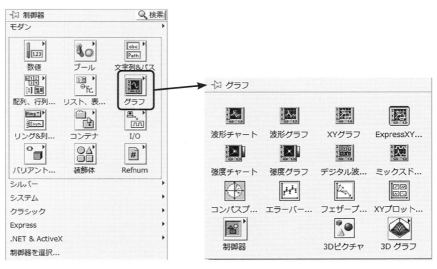

（a）　制御器パレット　　　　　　　（b）　グラフサブパレット

図 2.8　制御器パレットとサブパレット

LabVIEWプログラミングでは，これらの制御器をフロントパネル上にドラッグして配置することで，プログラムのユーザインタフェース部を作成します．LabVIEWには非常に多くの種類の制御器が用意されていますが，本書では，実習で使用する制御器について，そのつど説明していきます．また，制御器パレットには，制御器のほかに表示器とよばれるオブジェクトも用意されています．これらの使い分けなどについては後で詳しく説明します．

制御器パレットやサブパレットは，操作を終えると自動的に閉じてしまいます．もし，表示させたままにしておきたい場合には，パレット左上にあるピンのアイコンをクリックして，ピン留めしておきます（図2.9）．

制御器パレットの下部にある，シルバー，システム，クラシック，Expressなどのメニューを選択すれば（図2.10），パレットの表示形式を変更することができます．たとえば，クラシックメニューでは，オブジェクトが旧バージョンのアイコン表示になります．また，図に示すExpressは，LabVIEWバージョン7での制御器パレットの基本表示形式です．

図2.9 制御器パレットのピン留め

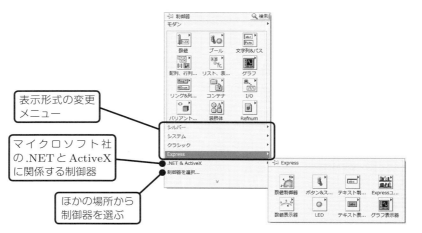

図2.10 Express形式による制御器パレット

また，検索機能を使用すれば，必要な制御器の格納場所を即座に見つけることができます．図2.11に，制御器［ノブ］を検索した例を示します．

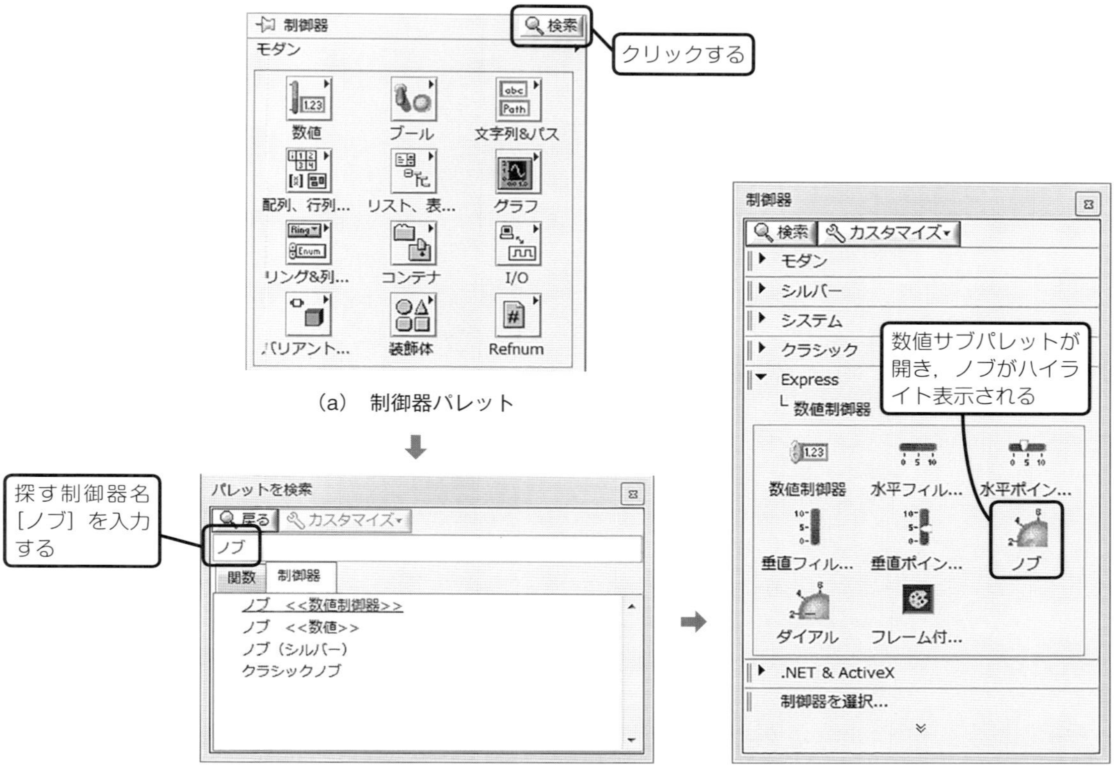

(a) 制御器パレット

(b) 検索ウィンドウ

(c) 検索結果

図2.11 制御器の検索例

## 2.1.4 関数パレット

ブロックダイアグラムウィンドウ内で右クリックすると，図2.12(a)に示す関数パレットが表示されます．さらに，このパレット内のアイコン上にマウスポインタを移動すると，図(b)に示すようにアイコンに対応するサブパレットが表示されます．

関数パレットについても，ピンのアイコンをクリックして表示をピン留めすることや，パレット下部にあるメニューを用いて表示形式を変更することができます（制御器パレットの説明参照）．検索機能も使用できます．

関数は，後で説明するストラクチャ，サブVIとともに，ノードともよばれます．ノードは入力や出力をもつオブジェクトのことであり，LabVIEWプログラムの実行時に演算を実行する機能です．C言語のような文字記述型のプログラミング言語における演算子，関数，サブルーチン，ステートメントに似ています．

関数についても，非常に多くの機能が用意されていますので，本書では必要に応じて説明していきます．

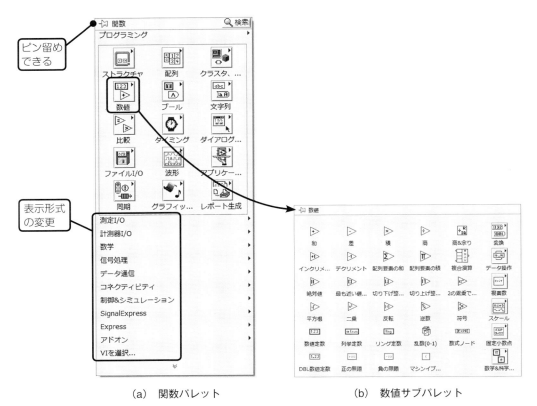

(a) 関数パレット　　(b) 数値サブパレット

図 2.12　関数パレットとサブパレット

## 2.1.5 ヘルプ機能

　LabVIEWには，とても多くの制御器や関数などが用意されています．これらの機能をすべて覚えるのは困難です．しかし，心配はいりません．LabVIEWには，たいへん便利なヘルプ機能が備わっています．

　ショートカットキー「Ctrl + H」，またはメニューバーの［ヘルプ］→［詳細ヘルプを表示］の操作で，図 2.13 に示すような詳細ヘルプウィンドウが表示されます．このウィンドウの表示中，任意のアイコンにマウスポインタを重ねると，そのアイコンについての説明が表示されます．

　また，ショートカットキー「Ctrl + ?」，またはメニューバーの［ヘルプ］→［LabVIEW ヘルプ］の操作で，図 2.14 に示す LabVIEW ヘルプ画面が表示されます．この画面では，［目次］タブや［キーワード］タブなどから LabVIEW のすべての機能についてのヘルプを検索表示できます（図 2.15）．

2.1 LabVIEWの各種パレット 31

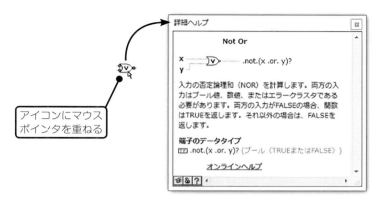

図 2.13 詳細ヘルプウィンドウの表示例

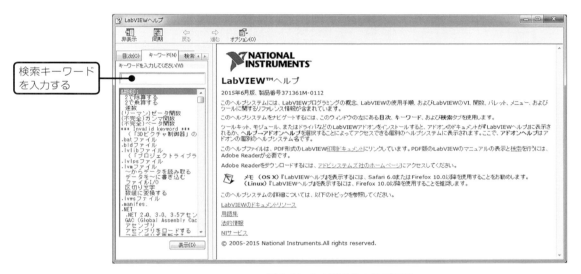

図 2.14 LabVIEW ヘルプ画面

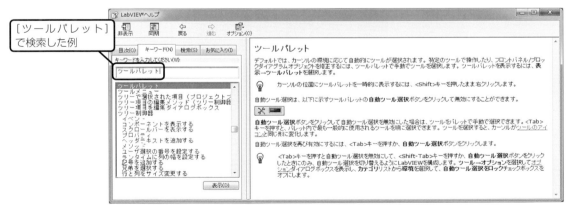

図 2.15 LabVIEW ヘルプの使用例

## 2.2 LabVIEW プログラミング入門

ここでは，簡単なサンプルプログラムを作成して動作させるまでの手順を説明します．実際にパソコンに向かって LabVIEW を操作してみましょう．この実習で，LabVIEW プログラミングの流れや，使用するツールについての基礎知識をマスターしてください．

### 2.2.1 LabVIEW プログラミングの流れ

LabVIEW におけるプログラミングは，以下の流れで行います（図 2.16）．

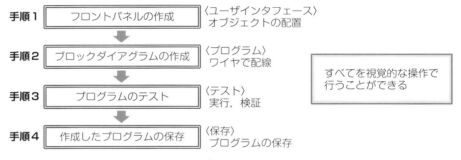

図 2.16　プログラミングの流れ

**手順1：フロントパネルの作成**

オブジェクトとよばれるアイコンをフロントパネルに配置します．

**手順2：ブロックダイアグラムの作成**

フロントパネルに配置したオブジェクトのアイコンは，同時にブロックダイアグラムウィンドウにも表示されます．ブロックダイアグラムウィンドウで，データの流れなどを考えながらオブジェクト間の配線を行います．また，必要な関数や制御構造などのアイコンを追加して，視覚的な操作でブロックダイアグラムを作成します．

**手順3：プログラムのテスト**

作成したプログラムを実行して，正しく動作するかどうかをテストします．

**手順4：作成したプログラムの保存**

作成したプログラムをファイルとしてハードディスクなどに保存します．

### 2.2.2 プログラム作成実習

実際に簡単なプログラムを作成することで，LabVIEW プログラミングの流れを理解しましょう．はじめに，作成するプログラム［samp2_1.vi］の概要を説明します．

## 実習 2.1　LEDの点灯・消灯を制御するプログラムの作成

図2.17に，作成したサンプルプログラム［samp2_1.vi］の実行画面を示します．画面には，1個のスイッチと1個のLEDが配置されており，スイッチ操作によってLEDの点灯・消灯を制御できます．

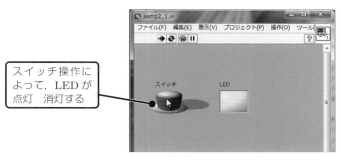

図2.17　サンプルプログラム［samp2_1.vi］の実行画面

それでは，図2.16に示したプログラム作成の流れに沿って，実際のプログラミングを行いましょう．

**手順1：フロントパネルの作成**

LabVIEWを起動して，フロントパネルとブロックダイアグラムウィンドウを左右に並べて表示します（図2.2）．フロントパネル内でマウスを右クリックすると，図2.18に示す制御器パレットが表示されます．制御器パレットを表示した状態で，［ブール］にカーソルを合わせると，ブールサブパレットが表示されます．ブールサブパレットの［垂直トグルスイッチ］をクリックで選択後，フロントパネル内の任意の場所でもう一度クリックすれば，垂直トグルスイッチのオブジェクトを配置できます．

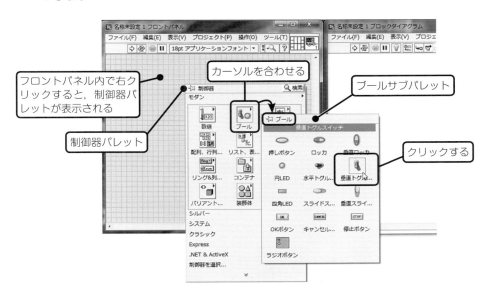

図2.18　垂直トグルスイッチを選択

図2.19に示すように，フロントパネルに配置したオブジェクトは，ブロックダイアグラムウィンドウにも自動的に配置されます．

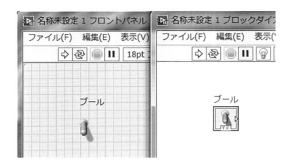

図2.19　垂直トグルスイッチの配置

同様の操作によって，［制御器パレット］➡［ブールサブパレット］から［四角LED］を選択してオブジェクトをフロントパネルに配置します（図2.20）．

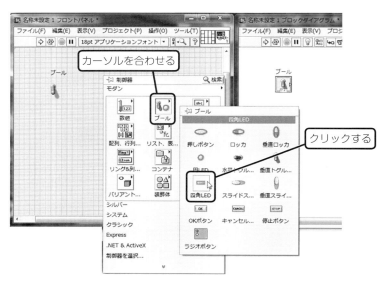

図2.20　四角LEDを選択

図2.21に，配置した2個のオブジェクトを示します．もしも，間違ったオブジェクトを配置してしまった場合などは，不要なオブジェクトをクリックで選択して，キーボードの「Del」キーを押せば削除できます．

図2.21　配置したオブジェクト

**手順2**：ブロックダイアグラムの作成

続いて，ブロックダイアグラムウィンドウで，データの流れを考えながらオブジェクト間の配線を行います．図2.22に示すように，ブロックダイアグラムウィンドウに配置した垂直トグルスイッチの右辺中央付近にマウスポインタを移動すると，ポインタが糸巻きの形に変化します．または，四角LEDの左辺中央付近にマウスポインタを移動してもかまいません．

ポインタが糸巻きに変化している状態でマウスをドラッグして，図2.23に示すように，垂直トグルスイッチと四角LEDをワイヤで配線します．

図2.22　配線の準備図　　　　　図2.23　ワイヤで配線する

もしも，間違った配線をしてしまった場合などは，不要なワイヤをクリックで選択して，キーボードの「Del」キーを押せば削除できます．

ここまでの作業で，プログラムの基本形ができ上がりました．

**手順3**：プログラムのテスト

作成したプログラムを実行してみましょう．まず，スイッチなどの状態を設定する方法を説明します．

マウスポインタを，フロントパネルに配置した垂直トグルスイッチ上に移動してみましょう．適当に位置を調整すれば，ポインタが指さしの手の形に変わります（図2.24）．この状態でマウスをクリックすると，そのたびにスイッチがON，OFFに上下します．同様に，マウスポインタをフロントパネルに配置した四角LED上に移動して，手の形にした後でクリックすれば，LEDの点灯・消灯を確認することができます．

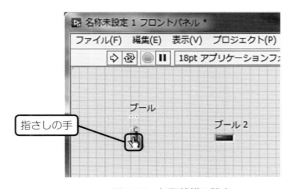

図2.24　初期状態の設定

この操作で，垂直トグルスイッチと四角 LED を任意の状態に設定しておきます．たとえば，図 2.24 では，垂直トグルスイッチが OFF（下側），四角 LED が OFF（消灯）になっている状態です．

準備ができましたので，プログラム実行の手順を説明します．図 2.25 に，プログラムの実行と停止に関係するツールバー上のボタンを示します．

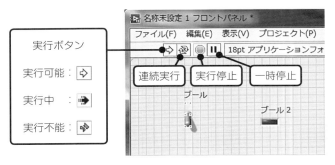

図 2.25　プログラムの実行と停止に関係するボタン

これらのボタンは，フロントパネル，ブロックダイアグラムウィンドウの両方に配置されていますが，どちらを使用しても同じように動作します．

図 2.25 に示した実行ボタンをクリックしてみましょう．プログラムが 1 回だけ動作します．図 2.24 のように状態を設定した場合には，LED が消灯したまま変化しません．スイッチを ON（上側）に設定変更した後で，実行ボタンをクリックすれば，LED の点灯が確認できるはずです．

次に，連続実行ボタンをクリックして，プログラムを連続的に実行してみましょう．この状態では，実行中にスイッチをポインタでクリックすることで，スイッチの状態を変化させて LED の点灯・消灯を切り替えることができます（図 2.26）．また，連続実行しているプログラムは，停止ボタンをクリックして停止することができます．

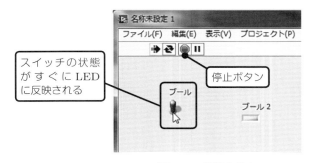

図 2.26　連続実行中

プログラムが正常に動作していることが確認できたでしょうか．ここで実習したように，LabVIEW プログラミングでは，ブロックダイアグラムの作成が，すなわちプログラムを作成するということになります．

図 2.26 に示したプログラムの実行画面は，33 ページの図 2.17 で示したサンプルプログラムの実行画面と少々異なっています．配置したオブジェクトの表示を変更する操作は，37 ページの基本事項**1**で説明します．

## 2.2 LabVIEWプログラミング入門

**手順4**：作成したプログラムの保存

作成したプログラムを保存しておきましょう．フロントパネル，またはブロックダイアグラムウィンドウのメニューバーの［ファイル］→［別名で保存］を選択します（図2.27）．

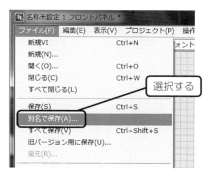

図2.27 ［別名で保存］を選択

図2.28 保存用ウィンドウ

保存用ウィンドウが表示されますので，保存する場所（任意のフォルダ）に「samp2_1」という名前を付けて保存しましょう．図2.28では，作成しておいたフォルダ［LabVIEWサンプル］内に保存する例を示します．

保存が終了すれば，指定したフォルダ内に，図2.29に示すようなアイコン（大アイコン表示時）が作成されます．

図2.29 保存したプログラムのアイコン

保存したプログラムは，アイコンをダブルクリックして開くことができます．または，図2.1に示したスタートアップウィンドウの［ファイルを開く］から開くこともできます．LabVIEWのプログラムは，「VI」とよばれます．このため，図2.29に示したプログラムのアイコンの拡張子が［vi］になっています．

次に，覚えておきたい基本事項を示します．以降の実習でも，同様に関連する基本事項を示しますので適時参照してください．

**基本事項** **❶ オブジェクトの大きさと位置の変更**

配置したオブジェクトにマウスポインタを合わせて，図2.30に示すように両矢印の形にしてドラッグすれば，オブジェクトの大きさを変更することができます．また，図2.31に示すように片矢印の形にしてドラッグすれば，オブジェクトの位置を変更することができます．

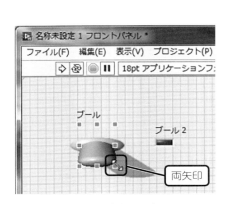

図 2.30　大きさの変更

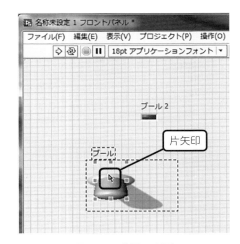

図 2.31　位置の変更

さらに，［ブール］や［ブール2］と表示されているラベルをダブルクリックして文字列を入力すれば，ラベルの表記を変更することができます（図 2.32）．各自で，オブジェクトやラベルを適切な大きさや配置などに変更する実習を行ってください．

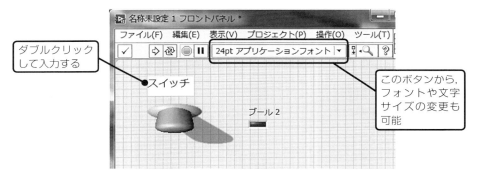

図 2.32　ラベルの変更

**2 実行のハイライト**

ブロックダイアグラムウィンドウのツールバーに用意されている［実行のハイライト］ボタンをクリックしてから連続実行（または実行）すると，データの流れをアニメーションで確認することができます（図 2.33）．

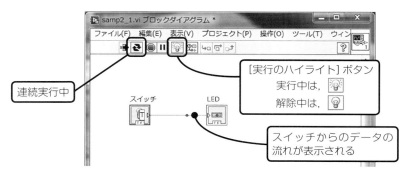

図 2.33　ハイライト実行

### ❸ オブジェクトの調整

配置した複数のオブジェクトの位置などを調整・整列するのに便利なボタンがツールバーに用意されています．キーボードの「Shift」キーを押しながら，オブジェクトをクリックしていけば，複数のオブジェクトを同時に選択することができます．たとえば，図 2.34 に示すように，2 個のオブジェクトを同時に選択した状態で，［オブジェクトを整列］⇒［上端を揃える］を選択すると，オブジェクトの上端が揃うように位置が自動調整されます．これらのボタンは，フロントパネルにも用意されています．

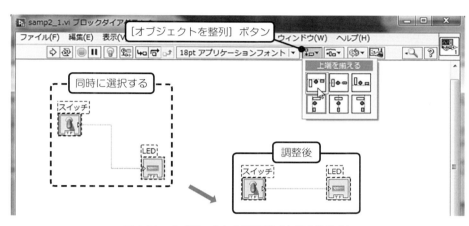

図 2.34 オブジェクトの調整例（上端を揃える）

### ❹ ダイアグラムのクリーンアップ

ブロックダイアグラムウィンドウにおいて，オブジェクトの配線を行う際，オブジェクトの配置場所や配線ルートの関係から，整然とした配線ができなくなってしまうことがあります．たとえば，図 2.35 のブロックダイアグラムでは，配線の状態が不明瞭になっています．

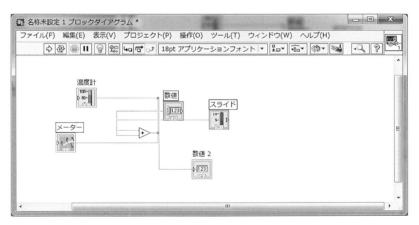

図 2.35 配線が不明瞭な例

このような場合は，ブロックダイアグラムを自動で整理してくれる便利な機能を使用しましょう．図 2.36 に示すように，ブロックダイアグラムウィンドウに用意されている［ダイアグラムをクリーンアップ］ボタンをクリックします．すると，ブロックダイアグラムが整然となるように再配置されます．

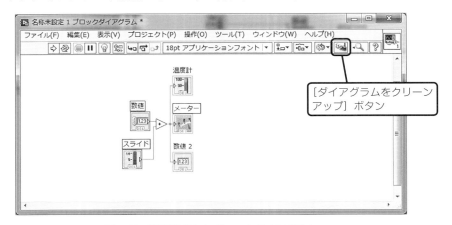

図 2.36　再配置されたブロックダイアグラム

この機能は，ブロックダイアグラムウィンドウのメニューバーの［編集］➡［ダイアグラムをクリーンアップ］からも実行できます．ショートカットキーは，「Ctrl + U」（元に戻すのは「Ctrl + Z」）です．また，ブロックダイアグラムウィンドウで任意の範囲を選択しておけば，選択範囲を対象にしたクリーンアップが実行されます．

**5** コメントの挿入

フロントパネル，またはブロックダイアグラムウィンドウにおいて，任意の位置でダブルクリックすれば，そこにコメントを入力することができます（図 2.37）．コメントは，文だけでなく，画像データの貼り付けも可能です．プログラムのメンテナンスに役立てたり，使いやすいフロントパネルを作成したりするのに活用してください．

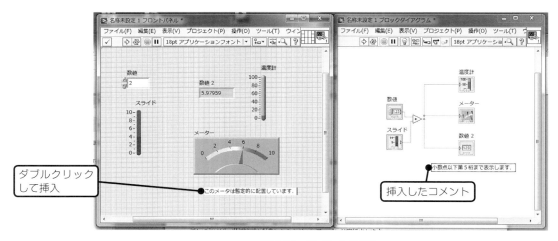

図 2.37　コメントの挿入

## 6 オブジェクトの対応

フロントパネルにオブジェクトを配置すれば，同時にブロックダイアグラムウィンドウにも自動配置されます．一方，大規模なプログラムでは，多数のオブジェクトや関数などがフロントパネルとブロックダイアグラムウィンドウに配置されることになります．このような状況では，2つのウィンドウ間で対応するオブジェクトを見つけるのが困難になることがあります．その場合には，フロントパネルとブロックダイアグラムウィンドウのどちらかに配置したオブジェクトにマウスポインタを合わせて，ポインタを片矢印（ ）にしてからダブルクリックしてみましょう．すると，もう一方のウィンドウに配置された，対応するオブジェクトがハイライト表示されます（図2.38）．

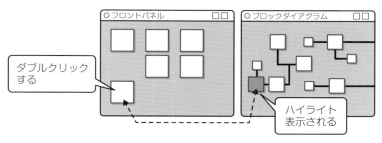

図2.38 対応するオブジェクトの見つけ方

## 7 オブジェクトのプロパティ

フロントパネル，またはブロックダイアグラムウィンドウに配置したオブジェクトを右クリックして表示されるメニューから［プロパティ］を選択します．すると，プロパティウィンドウが表示されます．図2.39は，実習2.1で作成したサンプルプログラム［samp2_1.vi］で使用した四角LEDのオブジェクトのプロパティウィンドウです．

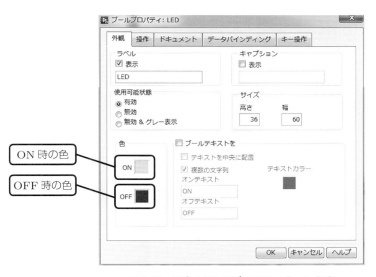

図2.39 四角LEDのプロパティウィンドウ

このウィンドウにおいて，たとえば［色］の ON や OFF の部分をクリックして任意の色を設定すれば，プログラム実行時の LED の色を変更することができます．同様に，垂直トグルスイッチのプロパティウィンドウの設定を行えば，スイッチの色や動作の状態を変更することができます．

### 8 制御器と表示器

制御器は，データを出力する端子をもったオブジェクトやノードであり，たとえば，垂直トグルスイッチやノブ，ダイアルなどがあります．一方，表示器は，データを入力する端子をもったオブジェクトやノードであり，たとえば，LED やグラフ，文字列表示器などがあります．ただし，制御器と表示器をまとめて「制御器」ということもあります．

図 2.40 に示すように，制御器パレットから数値サブパレットを表示してみましょう．数値サブパレット内には，数値制御器と数値表示器が用意されています．これらは，どちらも似たアイコンをしていますが，機能は異なっています．

図 2.41 に示す LabVIEW プログラム［samp2_2.vi］を作成してみましょう．フロントパネルに数値制御器と数値表示器を 1 個ずつ配置して，ブロックダイアグラムウィンドウ内で配線します．

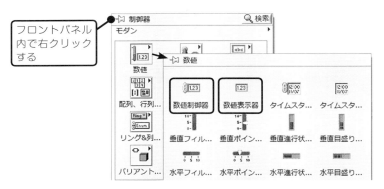

図 2.40　数値サブパレット

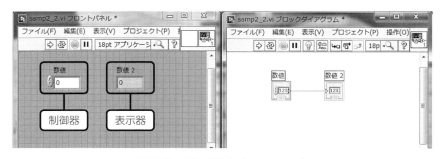

図 2.41　プログラム［samp2_2.vi］

このプログラムを実行すると，フロントパネルの数値制御器に設定した数値を数値表示器に表示することができます（図 2.42）．制御器と表示器は，オブジェクトやノードのプロパティメニュー（アイコンを右クリック）から，他方の機能へ変更（制御器⇔表示器）することもできます．

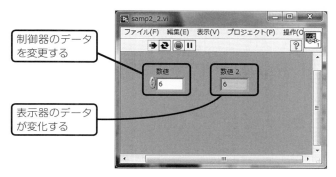

図 2.42　プログラム［samp2_2.vi］の実行

### 9 ショートカットキー

ショートカットキーを使いこなせるようになると，LabVIEW の操作効率が格段に向上します．表 2.2 に，よく使う便利なショートカットキーを示します．

表 2.2　便利なショートカットキー

| キー | 機　能 |
| --- | --- |
| Ctrl + [?] | LabVIEW ヘルプの表示 |
| Ctrl + H | 詳細ヘルプウィンドウの表示 / 非表示 |
| Shift + 右クリック | ツールパレットの表示 |
| Ctrl + E | ウィンドウの切り替え |
| Ctrl + T | ウィンドウを並べて表示 |
| Ctrl + [/] | ウィンドウの最大化 |
| Ctrl + B | 不良ワイヤの削除 |
| Ctrl + U | ダイアグラムのクリーンアップ |
| Ctrl + Shift + [−] | オブジェクトの拡大 |
| Ctrl + [−] | オブジェクトの縮小 |
| Ctrl + N | 新しい VI の作成 |
| Ctrl + R | プログラムの実行 |
| Ctrl + S | VI の保存 |
| Ctrl + Z | 元に戻す |

## 演習問題 2

**1.** 次の①～⑤の説明に対応する用語を解答群から選びなさい．

① LabVIEW で作成したプログラムの名称．また，作成したプログラムファイルの拡張子にも，この名称の英小文字が使用される．

② データを出力する端子をもった垂直トグルスイッチやノブ，ダイアルなどのこと．

③ 入力や出力をもつオブジェクトであり，VI の実行時に演算を実行する機能．C 言語のような文字記述型のプログラミング言語における演算子，関数，サブルーチン，ステートメントに似ている．

④ データを入力する端子をもった，LED やグラフなどのこと．

⑤ ブロックダイアグラムウィンドウにおけるオブジェクト間の配線のこと．

【解答群】
A．表示器　　B．制御器　　C．ノード　　D．ワイヤ　　E．VI

**2.** 次の①～④の手順を参考にして，図 2.43 に示すサンプルプログラム［samp2_3.vi］を作成し，動作を確認しなさい．

① フロントパネルに，数値制御器，垂直フィルスライド，メーターを配置する．これらのオブジェクトは，すべて［関数パレット］→［数値サブパレット］に用意されている．

② ブロックダイアグラムウィンドウに，和を計算するノードを配置する．このノードは，数値サブパレットに用意されている．

③ ブロックダイアグラムウィンドウ内で，ワイヤによって配線を行う．

④ フロントパネルに配置したメーターの最大目盛りの数値をダブルクリックして，30 を入力する．

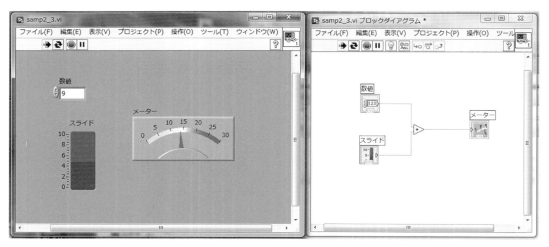

図 2.43　サンプルプログラム［samp2_3.vi］

# 第 3 章

# LabVIEW プログラミングの基礎

　　LabVIEW で使用する言語は，グラフィカル（graphical）なプログラミングが行えるために，G プログラミング言語ともよばれます．たとえば，従来の文字記述型プログラミング言語では文字で記述していた for 文や if 文なども，LabVIEW ではビジュアルに記述します．この章では，LabVIEW を用いてプログラムを作成する際に必要となる制御構造や配列などの扱い方について説明します．大きなプログラムを作成する前に，各機能を理解するための小さなサンプルプログラムを用いた実習を行いながら学習を進めてください．

## 3.1 ストラクチャ

ストラクチャは，文字記述型プログラミング言語におけるプログラムの制御を決めるループやケース文をグラフィカルに表現する記述方法です．ここでは，簡単なサンプルプログラムを実習しながら，ストラクチャについての理解を深めてください．

### 3.1.1 ストラクチャとは

LabVIEWにおいて，プログラムの一部または全体を繰り返して実行する場合や，条件によって実行する部分を選択する場合には，ストラクチャを使用します．ストラクチャとは，プログラムの流れを決める制御構造のことです．つまり，文字記述型プログラミング言語におけるfor文やwhile文，if文などに相当します．

各種のストラクチャは，ストラクチャサブパレットに納められています．図3.1に，ブロックダイアグラムウィンドウ内で右クリックを行い，関数パレット内のストラクチャサブパレットを表示した画面を示します．代表的なストラクチャとしては，Forループ，Whileループ，タイミングストラクチャ，ケースストラクチャ，イベントストラクチャ，フラットシーケンスストラクチャなどがあります．本書では，代表的ないくつかのストラクチャについて解説を行います．

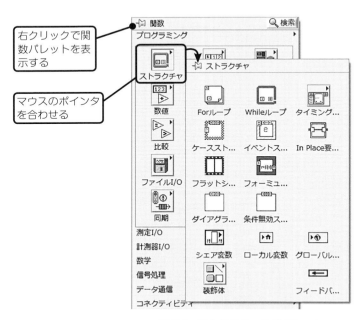

図3.1 ストラクチャサブパレット

### 3.1.2 For ループ

For ループは，設定された回数だけサブダイアグラムを実行するストラクチャです．サブダイアグラムとは，ストラクチャ枠内にあるブロックダイアグラムのことです．For ループのアイコンは，図 3.2 に示すように，関数パレットから選択するストラクチャサブパレットに用意されています．

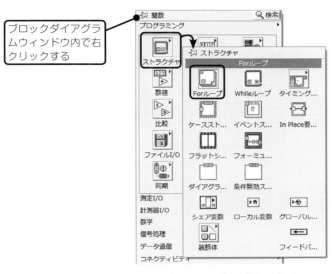

図 3.2　For ループのアイコン

For ループのアイコンを選択した後，ブロックダイアグラムウィンドウ内でドラッグすれば，任意の大きさの For ループを配置することができます．図 3.3 に，配置した For ループの例を示します．

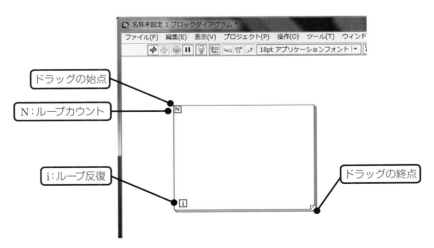

図 3.3　For ループの配置例

図 3.3 において，N は繰り返しの合計回数，i は現在の繰り返し回数を示します．そして，繰り返すサブダイアグラムを For ループの枠内に記述します．実際の使用法は，次の実習 3.1 によって理解してください．

## 実習 3.1 For ループ

サイコロのように1から6までの整数をランダムに表示するVIを作成しましょう．LabVIEWを起動すると表示されるスタートアップウィンドウから，［ブランクVI］を選択して新規VIを作成します．図3.4に，この実習を進めた場合の最終的なプログラム［samp3_1.vi］を示します．

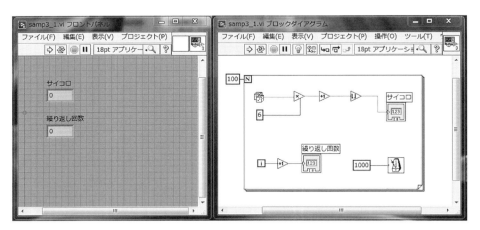

図 3.4　最終的な VI［samp3_1.vi］

### STEP1 サイコロ部の VI 作成（図 3.5）

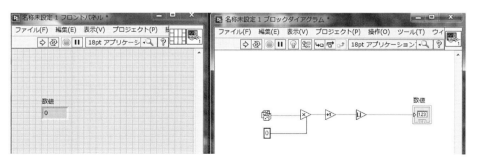

図 3.5　サイコロ部の VI

① フロントパネルに，数値表示器（［制御器パレット］➡［数値サブパレット］）を配置します．
② ブロックダイアグラムウィンドウに，以下の5種類のノードを1個ずつ配置します．これらのノードは，すべて関数パレットから選ぶ，数値サブパレットに用意されています（図3.6）．

　　乱数(0-1)，積，数値定数，インクリメント，切り下げ整数化
③ 配線ツールを用いて，ワイヤによる配線を行います．LabVIEWでは，ノード配置時の配置場所が近い場合，自動的に配線を行う機能もあります．

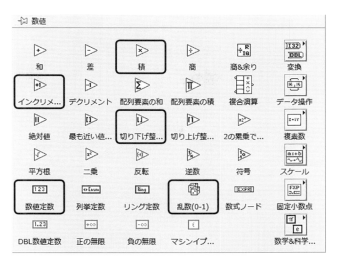

図 3.6　数値サブパレット

図 3.5 に示したブロックダイアグラムができれば，次の操作を行って，サイコロ部の VI を完成させます（図 3.7）．

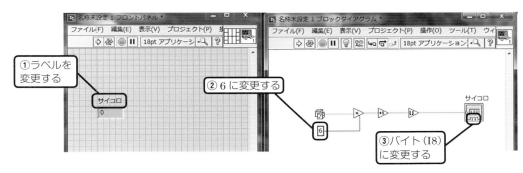

図 3.7　サイコロ部の VI 設定

**STEp2** サイコロ部の VI 設定（図 3.7）
① フロントパネルの数値表示器のラベルをダブルクリックして，「サイコロ」に変更します．
② ブロックダイアグラムの数値定数ノードをダブルクリックして，半角文字で「6」と入力します．
③ ブロックダイアグラムの数値表示器を右クリックして表示されるメニューから，[表記法] ➡ [バイト] を選択します（図 3.8）．

図 3.8 に示した表記法のメニューでは，数値表示器に表示する数値のデータ型を指定することができます．主な数値のデータ型を表 3.1 に示します．また，これらのデータ型は，制御器でも指定することができます．データ型によって，ワイヤの色や形も変化します．

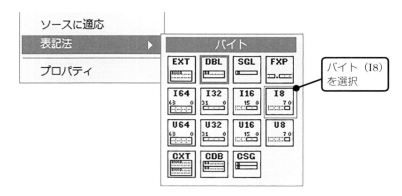

図3.8　[表記法]➡[バイト]（I8）

表3.1　主な数値のデータ型

| アイコン | | | データ型 | 数値範囲の例 |
|---|---|---|---|---|
| 青色 8ビット | 16ビット | 32ビット | 符号付き整数 | I8　：$-128 \sim 127$<br>I16：$-32,768 \sim 32,767$<br>I32：$-2,147,483,648 \sim$<br>　　　$2,147,483,647$ |
| 青色 8ビット | 16ビット | 32ビット | 符号なし整数 | U8　：$0 \sim 255$<br>U16：$0 \sim 65,535$<br>U32：$0 \sim 4,294,967,295$ |
| 橙色 単精度 32ビット | 倍精度 64ビット | 拡張精度 128ビット | 浮動小数点(実数) | SGL：最小の正の数：$1.40 \times 10^{-45}$<br>(単精度)最大の正の数：$3.40 \times 10^{38}$<br>　　　最大の負の数：$-1.40 \times 10^{-45}$<br>　　　最小の負の数：$-3.40 \times 10^{38}$ |

図3.7に示したブロックダイアグラムで，サイコロの目に相当する1から6までのランダムな整数が表示できる仕組みを考えてみましょう．たとえば，$rand$ を 0より大きく1より小さい実数の乱数，$floor$ を整数化関数（小数部を切り捨てる）とすると，1〜6までの乱数 $X$ は，式（3.1）のようにして生成することができます．

$$X = floor((rand \times 6) + 1) \quad (3.1)$$

① 0より大きく，1より小さい実数の乱数
② 0より大きく，6より小さい実数の乱数
③ 1より大きく，7より小さい実数の乱数
④ 1以上，6以下の整数の乱数

式 (3.1) をブロックダイアグラムに対応させると，図 3.9 に示すようになります．

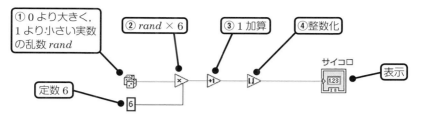

図 3.9　1 から 6 までの乱数生成ブロックダイアグラム

ここまでの VI を実行して動作を確認してみましょう．図 3.10 に示すように，実行ボタンをクリックするたびに，1 から 6 までの乱数が表示されるはずです．

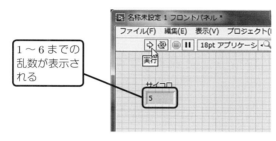

図 3.10　VI の実行

### STEP3 For ループの配置

次に，For ループを用いて，指定回数だけサイコロ表示を繰り返し実行するプログラムに発展させます．図 3.11 に示すストラクチャサブパレットから [For ループ] を選択して，ブロックダイアグラムウィンドウ上に配置します．図 3.12 に示すように，STEP 1，2 で作成したサイコロのブロックダイアグラムの左上でマウスボタンを押して始点を設定し，そのまま右下までマウスをドラッグします．図 3.12 に示した，For ループのストラクチャは，含まれているブロックダイアグラム（サブダイアグラム）を N 回繰り返します．また，i は現在の繰り返し回数を 0 から N − 1 までの値で返します．

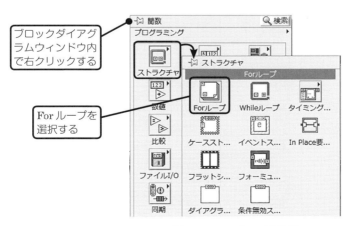

図 3.11　For ループの選択

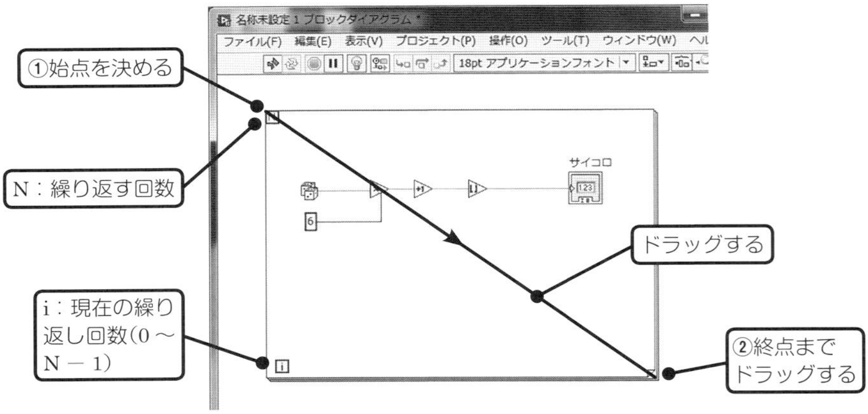

図3.12 Forループの配置

たとえば，サイコロを100回振るようにForループを設定してみましょう．図3.13に示すように，Forループ内にノードなどを配置して配線します．
① ブロックダイアグラムウィンドウ内で右クリックして表示される［関数パレット］→［数値］→［数値定数］を選択して，Forループの［N］の左側に配置します．
② 配置した数値定数をダブルクリックして数値を入力し，［100］に変更します．
③ フロントパネル内で右クリックして表示される［制御器パレット］→［数値］→［数値表示器］を選択して，フロントパネルに配置します．
④ 配置した数値表示器のラベルをダブルクリックして文字を入力し，［繰り返し回数］に変更します．
⑤ ブロックダイアグラムウィンドウにある，［繰り返し回数］の数値制御器を右クリックして表示される［メニュー］→［表記法］→［バイト（I8）］を選択し，数値表示器の表示形式を8ビットの符号付き整数（表3.1参照）に変更します．
⑥ ブロックダイアグラムウィンドウを右クリックして表示される［関数パレット］→［数値］→［インクリメント］を選択して，Forループの［i］の右側に配置します．［i］の値は，0～N－1までなので，1を加算（インクリメント）することによって1～Nまでの表示に変換します．

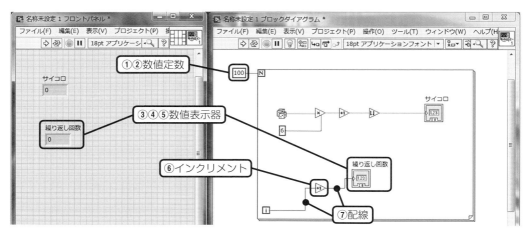

図3.13 繰り返し回数などの設定

⑦ ブロックダイアグラムウィンドウ内の，[i] から［インクリメント］を経由して，
［数値表示器（繰り返し回数）］までをワイヤで配線します．
　Forループの囲みの大きさは，囲み部位を選択してドラッグすれば変更することができます．ただし，Forループを削除する場合には，Forループの囲み線上で右クリックして表示される［メニュー］➡［Forループを削除］を選択してください．Forループを選択して「Del」キーを押した場合には，Forループに加えて，ループ内に配置したサブダイアグラムも同時に削除されますので注意してください．

### STEP4 VIのテスト

作成したVI（図3.13）を実行してみましょう．実行ボタンをクリックすると，ブロックダイアグラムウィンドウ内のForループが100回実行されて，最後のサイコロの値が表示されます（図3.14）．この実行は，一瞬で終了してしまいますが，ハイライト実行（38ページ）を行えば，実行の流れを確認することができます（図3.15）．

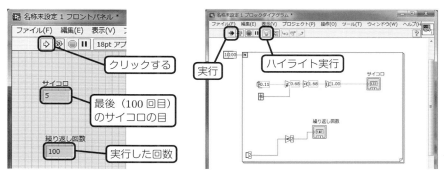

図3.14　実行結果　　　　　　　　図3.15　ハイライト実行

### STEP5 タイミング部の追加

ハイライト実行を使用しなくても，繰り返しの時間間隔をブロックダイアグラム内で設定することが可能です．図3.16に示すように，タイミング部を追加してVIを完成させましょう．

① ブコックダイアグラムウィンドウ内で，［関数パレット］➡［タイミング］➡［次のミリ秒倍数まで待機］を選択して配置します（図3.17）．

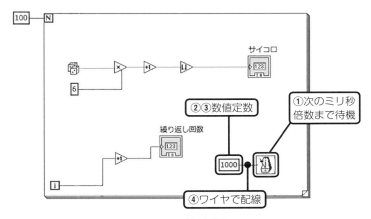

図3.16　タイミング部を追加

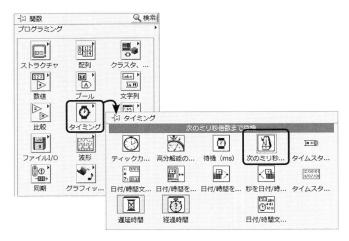

図 3.17 ［次のミリ秒倍数まで待機］を選択

② ブロックダイアグラムウィンドウ内で，［関数パレット］⇒［数値］⇒［数値定数］を［次のミリ秒倍数まで待機］ノードの左側に配置します．
③ 配置した［数値定数］をダブルクリックして数値を入力し，1000 に変更します．
④ ［数値定数］と［次のミリ秒倍数まで待機］のノードをワイヤで配線します．

### STEP6 VI の実行と保存

作成した VI を実行してみましょう．ハイライト表示を解除した状態で実行ボタンをクリックすると，ブロックダイアグラムウィンドウ内の For ループの繰り返し実行が始まります．ここでは，繰り返し間隔を 1000 ms（ミリ秒）= 1 s（秒）に設定しましたので，1 回ごとの実行結果を連続して確認することができます（図 3.18）．以上で，実習 3.1 の VI（図 3.4）は完成しました．

VI が完成したら，ファイル名を［samp3_1.vi］として保存しておきましょう．保存の手順は，メニューバーの［ファイル］⇒［別名で保存］と選択していきます（37 ページ参照）．また，すでに保存を実行している場合などでは，図 3.19 に示すウィンドウが表示されます．このときには，適切な処理を選択して［継続］ボタンをクリックします．

図 3.18 実行結果

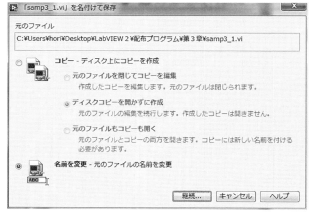

図 3.19 すでに保存を行っている場合に表示されるウィンドウ

**基本事項** **1 処理のタイミングを制御する関数**

［次のミリ秒倍数まで待機］関数は，コンピュータの内部時計を参照して，図 3.20 に示すように，ループの開始時から指定した時間（ms）だけ待機します．ただし，最初のループ（第 1 ループ）終了後の待機時間は短くなることがあります．

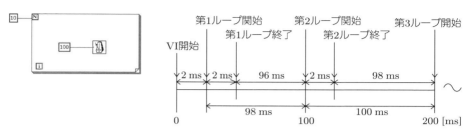

図 3.20 ［次のミリ秒倍数まで待機］関数の動作例

［次のミリ秒倍数まで待機］に似た関数に［待機］関数があります．この関数は，図 3.21 に示すように，ループの終了時から指定した時間（ms）だけ待機します．前の［次のミリ秒倍数まで待機］関数とは，待機時間の計測開始時が異なります．

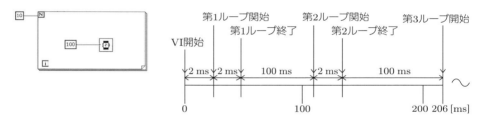

図 3.21 ［待機］関数の動作例

**2 エラーリスト**

図 3.22 は，実習 3.1（図 3.16）の VI において，ワイヤ配線の一部が完了していないブロックダイアグラムです．

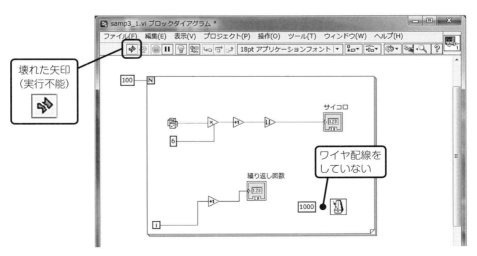

図 3.22 未完成の VI 例

このような未完成のVIでは，実行ボタンが壊れた矢印になっており，実行することができません．しかし，この状態で実行ボタンをクリックすれば，図3.23に示すエラーリストのウィンドウが表示されますので，間違っている項目を確認（デバッグ）することができます．エラーリストは，メニューバーの［表示］→［エラーリスト］を選択することでも表示できます．

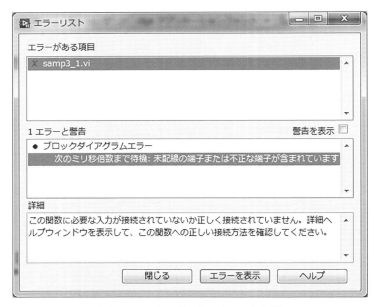

図3.23　エラーリストのウィンドウ例

### 3 不良ワイヤ

ブロックダイアグラムを作成する作業を進めていると，前に使用したワイヤが不良ワイヤとして残ってしまうことがあります（図3.24）．

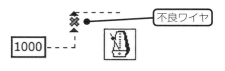

図3.24　不良ワイヤの例

このようなVIは実行できませんので，不良ワイヤを削除する必要があります．ワイヤを削除するには，削除したいワイヤをクリックで選択して「Del」キーを押します．または，不良ワイヤを右クリックして表示されるメニューからも［未接続の配線を削除］を選択できます．

不良ワイヤをまとめて削除したい場合には，図3.25に示すように，メニューバーの［編集］→［不良ワイヤを削除］を選択します．ショートカットキー「Ctrl＋B」も覚えておくと便利です（43ページ表2.2）．

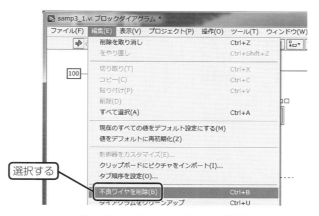

図 3.25 不良ワイヤをまとめて削除する

### 4 アイコン表示

ブロックダイアグラムウィンドウでは，たとえば，数値表示器などを，アイコンとして表示するか，データ端子として表示するかを選択することができます．アイコンを右クリックして表示されるメニューから［アイコンとして表示］を選択すれば，図 3.26 に示すように表示が切り替わります．

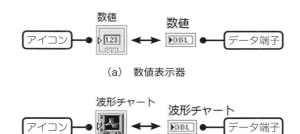

図 3.26 アイコン表示の切り替え

規模の大きなブロックダイアグラムを記述する場合などでは，場所をとらないデータ端子を使用するとコンパクトな記述が行えます．

### 5 表示器と制御器

配置した後であっても，表示器を制御器に，または制御器を表示器に変更することが可能です．図 3.27 に，配置した数値表示器を数値制御器に変更した例を示します．数値表示器のアイコンを右クリックして表示されるメニューから［制御器に変更］を選択します．

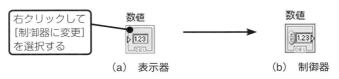

図 3.27 表示器から制御器への変更例

### 6 制御器などの配置

制御器などの配置は，制御器パレットから選択して行ってきました．しかし，図 3.28 に示すように，アイコンの端子上で右クリックして表示されるメニューから［作成］➡［制御器］を選択して配置することも可能です．

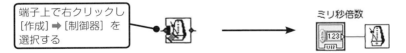

図 3.28　制御器の配置

### 7 オブジェクトの大きさ変更

配置した制御器や表示器の大きさを変更したい場合には，オブジェクトを選択後にマウスポインタが両矢印になる位置でドラッグします．キーボードを使用して制御器や表示器の大きさを変更したい場合には，オブジェクトを選択した後に，「Ctrl + Shift +［−］」で拡大,「Ctrl +［−］」で縮小を連続的に行うことができます（図 3.29）．

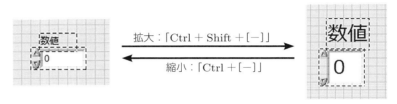

図 3.29　キーボードによるオブジェクトの大きさ変更

### 8 スペースの拡大と縮小

LabVIEW 2015 から，ブロックダイアグラムウィンドウまたはフロントパネルにおいて，スペースの拡大や縮小が容易に変更できるようになりました．拡大は「Ctrl」キーを押しながらマウスをドラッグ，縮小は「Ctrl + Alt」キーを押しながらマウスをドラッグします．これらの操作は，ブロックダイアグラムウィンドウ，またはフロントパネルの任意の場所で実行可能です．図 3.30 にスペースの変更操作例を示します．

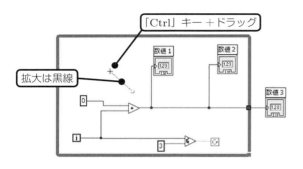
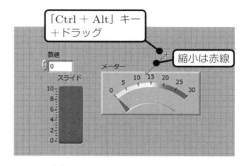

（a）ブロックダイアグラムウィンドウ内（拡大）　　（b）フロントパネル内（縮小）

図 3.30　スペースの変更操作例

### 3.1.3 While ループ

Whileループは，条件が一致するまでサブダイアグラムを繰り返して実行するストラクチャです．条件の判断はループの後に行いますので，最低でも1回はサブダイアグラムが実行されることになります．Whileループのアイコンは，図3.31に示すように，関数パレットから選択するストラクチャサブパレットに用意されています．

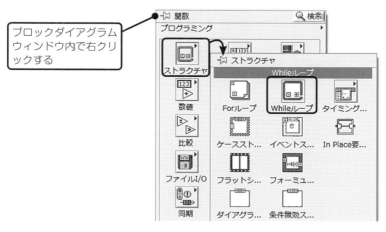

図 3.31　While ループのアイコン

Whileループのアイコンを選択した後，ブロックダイアグラムウィンドウ内でドラッグすれば，任意の大きさのWhileループを配置することができます．図3.32に，配置したWhileループの例を示します．

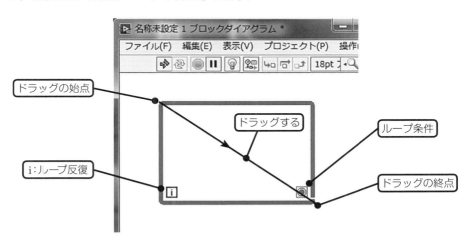

図 3.32　While ループの配置例

図3.32において，Whileループ枠内にあるアイコンはループ条件の設定に使用し，iは現在の繰り返し回数を得るために使用します．そして，繰り返すサブダイアグラムをWhileループの枠内に記述します．実際の使用法は，次の実習3.2によって理解してください．

## 実習 3.2 While ループ

入力値が設定した警告値以上になった場合に,警告灯を点灯させる VI を作成しましょう.LabVIEW を起動すると表示されるスタートアップウィンドウから,[ブランク VI]を選択して新規 VI を作成します.図 3.33 に,この実習を進めた場合の最終的なプログラム[samp3_2.vi]を示します.

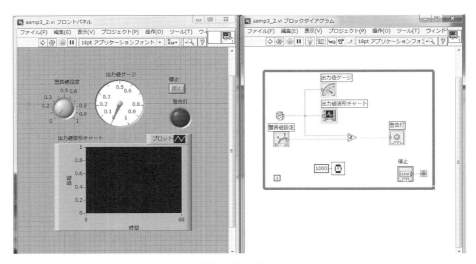

図 3.33　最終的な VI[samp3_2.vi]

### STEP1 While ループの配置

はじめに,図 3.34 に示すように While ループを配置します.

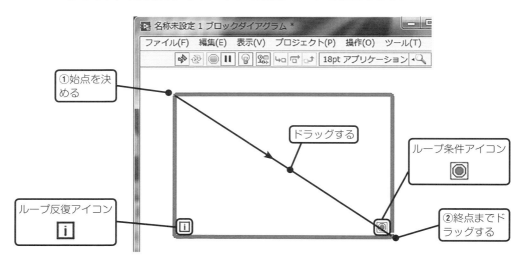

図 3.34　While ループの配置

① ブロックダイアグラムウィンドウ内で右クリックして表示される[関数パレット]➡[ストラクチャ]➡[While ループ]を選択して(図 3.35),ループの始点を決めます.
② そのまま,ループの終点までドラッグします.

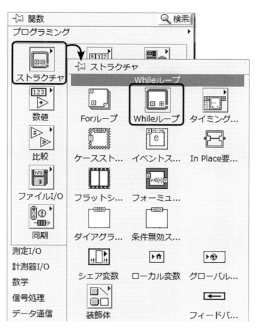

図 3.35 While ループの選択

While ループでは，図 3.34 の右下に表示されているループ条件アイコンを用いてループの終了条件を設定することができます．たとえば，ループ条件アイコンを右クリックして表示されるメニューにおいて，[TRUE の場合停止]，[TRUE の場合継続] などを選択できます．この結果，図 3.36 に示すように，反復条件に応じてアイコンが変化します．この切り替えは，マウスポインタを手の形（操作）にして，アイコンをクリックすることでも可能です．

(a) TRUE の場合停止　　(b) TRUE の場合継続　　(c) クリックして切り替え可能

図 3.36 反復条件によるアイコンの変化

ここでの実習では，ループ条件を [TRUE の場合停止] にしてかつ，アイコンを右クリックして表示されるメニューにおいて，[制御器を作成]を選択します．すると，図 3.37(a)に示すように，ループ条件アイコンに接続されたボタンがブロックダイアグラムウィンドウに配置されます．また，フロントパネルには図(b)に示すボタンが配置されます．

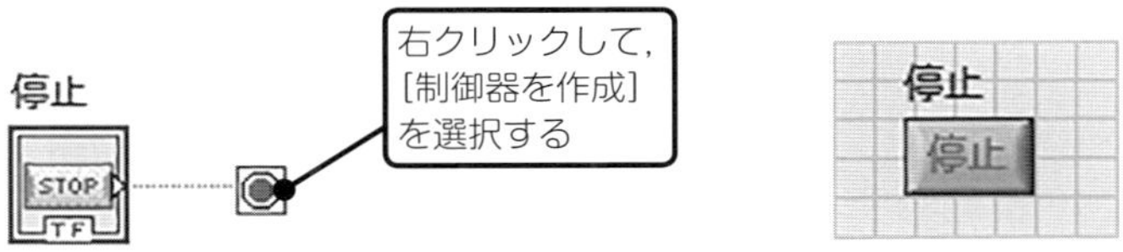

(a) ブロックダイアグラム　　(b) フロントパネル

図 3.37 制御器を作成する

62　第3章　LabVIEW プログラミングの基礎

　Forループ，Whileループとも，ループの配置とループ内のオブジェクト配置は，どちらを先に行ってもかまいません．

　ここまでの作業で，フロントパネルの停止ボタンをクリックすると，Whileループが終了する制御構造が記述できました．

### STEP2 オブジェクトやノードの配置と配線（図 3.38）

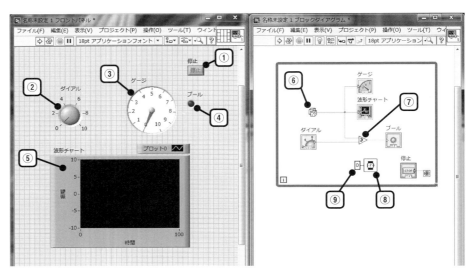

図 3.38　オブジェクトの配置と配線を終了した VI

① 停止ボタンを配置します（図 3.37 で配置済みです）．

　次の②から⑤までは，フロントパネル上で右クリックして表示される［制御器パレット］からの操作です．

② ［数値］→［ダイアル］を選択してダイアルを配置します．
③ ［数値］→［ゲージ］を選択してゲージを配置します．
④ ［ブール］→［円 LED］を選択して LED を配置します．
⑤ ［グラフ］→［波形チャート］を選択して波形チャートを配置します．

　次の⑥から⑧までは，ブロックダイアグラムウィンドウ上で右クリックして表示される［関数パレット］からの操作です．

⑥ ［数値］→［乱数(0-1)］を選択して乱数生成関数を配置します．
⑦ ［比較］→［以上 ?］を選択して比較関数を配置します．
⑧ ［タイミング］→［待機］を選択して待機関数を配置します．
⑨ 配置してある待機関数の左側端子［ミリ秒待機時間］を右クリックして表示されるメニューから，［作成］→［定数］を選択して数値定数を配置します．
⑩ 配置したオブジェクトやノードをワイヤで配線します．

## STEP3 オブジェクトの設定（図 3.39）

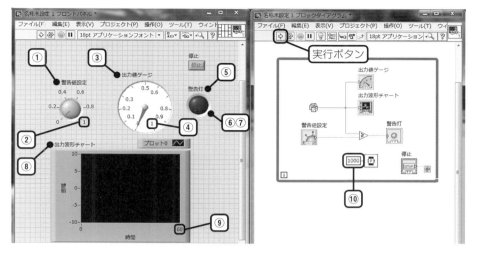

図 3.39　オブジェクトの設定

次の①から⑨までは，フロントパネル上での操作です（図 3.39）．

① ダイアルのラベルをダブルクリックして［警告値設定］に変更します．
② ダイアルのメモリの最大値 10 をダブルクリックして，半角で 1 を入力します．
③ ゲージのラベルをダブルクリックして［出力値ゲージ］に変更します．
④ ゲージのメモリの最大値 10 をダブルクリックして，半角で 1 を入力します．
⑤ 円 LED のラベル（ブール）をダブルクリックして［警告灯］に変更します．
⑥ 円 LED（警告灯）の縁をドラッグしてサイズを大きくします．「Shift」キーを押しながらドラッグすると真円になります．
⑦ 円 LED（警告灯）を右クリックして表示されるメニューから，［プロパティ］を選択します．図 3.40 に示す設定ウィンドウが表示されますので，ON のときの色を赤に変更します．
⑧ 波形チャートのラベルをダブルクリックして［出力波形チャート］に変更します．
⑨ 波形チャート（出力波形チャート）の X 軸の最大値 100 をダブルクリックして，半角で 60 を入力します．Y 軸の最大値は，実行時に自動調整されます．

図 3.40　円 LED（警告灯）のオブジェクトの設定

⑩ ブロックダイアグラムウィンドウの待機関数に配線した定数の値をダブルクリックして，半角 1000 に変更します．

ここまでの作業で，実習 3.2 のサンプルプログラム［samp3_2.vi］は完成です．

### STEP4 VI の実行

フロントパネルの停止ボタンが OFF（点灯していない状態）になっているのを確認して，実行ボタンをクリックしてみましょう．図 3.41 に，作成した VI の実行画面を示します．

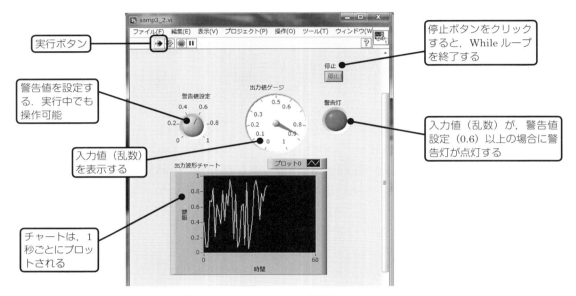

図 3.41　samp3_2.vi の実行画面

乱数（0〜1）の値は，出力値ゲージと出力波形チャートにそのまま表示されます．また，この乱数値が警告値設定ダイアルで設定した値以上になると，警告灯（LED）が点灯します．警告値設定ダイアルの操作は，ダイアルをドラッグすることで行えます．また，この操作はプログラム実行中でも可能です．実行するサブダイアグラムは While ループの中に記述されており，待機時間は 1000 ms，すなわち 1 秒に設定されていますので，乱数は 1 秒に 1 回生成され，そのつど判定処理が行われます．

実行処理中にフロントパネルの停止ボタンを押すと，ループの脱出条件が成立するためプログラムが終了します．

### 基本事項　1 波形チャートのスケール

デフォルトでは，波形チャートの X 軸，Y 軸のスケールは表示するデータの大きさに応じて自動調整されるようになっています．したがって，［samp3_2.vi］では生成される乱数によって Y 軸のスケールがそのつど変化してしまい，見にくいチャート画面になってしまうことがあります．このような場合には，フロントパネルの波形チャートを右クリックして表示されるメニューから，［Y スケール］➡［自動スケール Y］を選択してチェックを外しておきます．

また，表示後のチャート画面をクリアしたい場合には，フロントパネルの波形チャートを右クリックして表示されるメニューから，[データ操作]➡[チャートをクリア]を選択します．

**❷ 波形チャートの更新モード** ………………………………………………………

波形チャートには，3 種類の更新モード[ストリップチャート]，[スコープチャート]，[スイープチャート]があります．波形チャートを右クリックして表示されるメニューから[プロパティ]を選択して[外観]タブを選べば，図 3.42 に示すような更新モードを設定できるウィンドウが現れます．

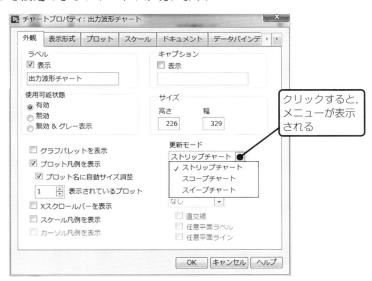

図 3.42　更新モードの設定

・ストリップチャート

チャート表示画面の左端から右端に向けてプロットが進みます．プロットが右端まで行き着けば，画面は左方向に流れるように移動し，新しいデータが右端にプロットされていきます．したがって，それまで左端に表示されていたデータは消えていきます．

・スコープチャート

チャート表示画面の左端から右端に向けてプロットが進みます．プロットが右端まで行き着けば，表示されていた全データは消去され，新しいデータが左端からプロットされていきます．

・スイープチャート

チャート表示画面の左端から右端に向けてプロットが進みます．これと同時に，新しくプロットされた点には，赤い垂直線が表示されます．プロット（赤い垂直線）が右端まで行き着けば，それまで表示されていたデータを消しながら新しいデータが左端からプロットされていきます．プロットが右端まで行き着いたときに，全データが消去されない点がスコープチャートと異なります．

これら 3 種類の更新モードの違いは，[samp3_2.vi]の波形チャートの設定を変更すれば確認することができます．

## 3 チャートとグラフ

［samp3_2.vi］では，波形を表示するのに［波形チャート］オブジェクトを使用しました．同じようなオブジェクトに［波形グラフ］があります．チャートとグラフのオブジェクトは，外観もよく似ていますが，異なった機能をもっていますので注意が必要です．チャートは，連続して送られてくるデータを次々とプロットしていきます（図3.43(a)）．一方，グラフはすでに用意されたデータの集まりをプロットします（図(b)）．波形グラフの使い方は，142ページの実習5.1で説明します．

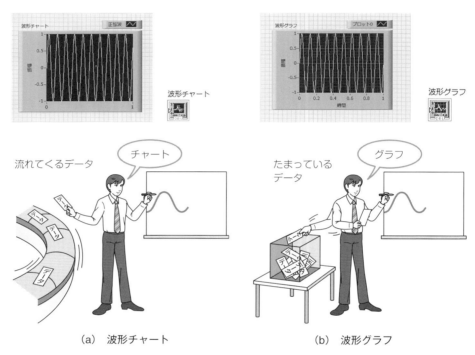

(a) 波形チャート　　　　　　　　(b) 波形グラフ

図3.43　チャートとグラフ

## 4 シフトレジスタ

ForループやWhileループにおいて，以前のループ処理の結果を参照したい場合には，シフトレジスタが使用できます．シフトレジスタを配置するには，ループ囲みの右側か左側の縦枠を右クリックして表示されるメニューから，［シフトレジスタを追加］を選択します．右側，左側どちらの縦枠を右クリックしても，左右の両方にシフトレジスタのアイコンが一対配置されます（図3.44）．

図3.44　配置したシフトレジスタ

シフトレジスタは，ループ処理のたびに，その処理結果を保持します．保持するデータの型は，自動的に選択されます．図3.45に示すVIは，Whileループにシフトレジスタを配置したプログラムです．左側のシフトレジスタの初期値は，0に設定しています．ループ処理としては，ループ反復回数iとシフトレジスタの値を加算していきます．ループの終了条件は，ループ反復回数が3以下の間としています．Whileループでは条件判定をループ処理後に行うため，このサブダイアグラムは，i = 0, 1, 2, 3, 4の場合の5回繰り返されます．

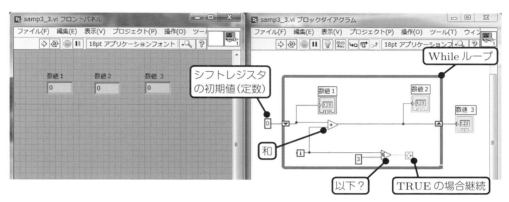

図3.45　シフトレジスタの使用例［samp3_3.vi］

さて，このVIを実行すると，数値1から数値3の値はどのようになるでしょうか．

右側のシフトレジスタは，前回のループ処理の結果をそのつど左側のシフトレジスタに渡します．つまり，数値1は，1回分の処理だけ遅れたタイミングで数値2のデータを受け取ります．表3.2に，数値1から数値3の変化の様子を示します．

ループ処理の最終回（i = 4）では，前回の処理結果（i = 3の処理を終えた時点での数値2の値6）に，iの値4が加算されますので，6 + 4 = 10が処理後の結果（数値2，3）となります．

表3.2　数値1, 2, 3の変化

| 表示器 | i = 0 | i = 1 | i = 2 | i = 3 | i = 4 |
|---|---|---|---|---|---|
| 数値1 | 0 | 0 | 1 | 3 | 6 |
| 数値2 | 0 | 1 | 3 | 6 | 10 |
| 数値3 | 0 | 0 | 0 | 0 | 10 |

図3.46には，シフトレジスタを使用しないブロックダイアグラムを示します．この場合，実行後の数値1から数値3は，i = 0, 1, 2, 3, 4と進んだ最後の値4が定数として設定してある0と加算された値4 + 0 = 4となります．図3.45と比較して，シフトレジスタの動作を確認してください．

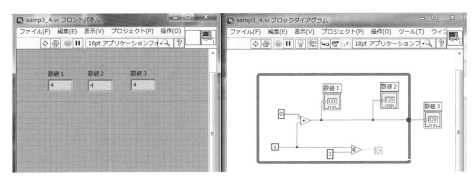

図 3.46　シフトレジスタを使用しない例［samp3_4.vi］

図 3.45 では，シフトレジスタを 0 に初期化して使用しました．一方，シフトレジスタを初期化しない場合には，前回の実行後にシフトレジスタに残っている値がそのまま初期値となりますので注意してください．また，数値 1 などの表示結果をデフォルト値に戻すには，図 3.47(a) に示すようにすべてのオブジェクトをドラッグして選択した後に，図 (b) に示すようにメニューバーの［編集］➡［選択された値をデフォルトに再初期化］を選択します．または，個々のオブジェクトを右クリックして表示されるメニューから，［データ操作］➡［デフォルト値に再度初期化］を選択することでも，初期化を行うことができます．

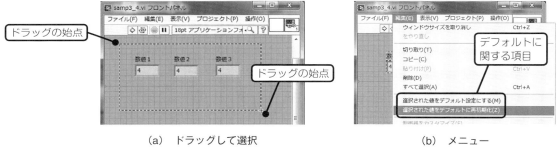

(a)　ドラッグして選択　　　　　　　(b)　メニュー

図 3.47　デフォルト値に初期化

### 5 フィードバックノード

図 3.48(a) に示すように，While ループや For ループの中で，ノードの出力と入力をワイヤで接続すると，フィードバックノードのアイコンが自動的に表示されます．フィードバックノードは，［関数パレット］➡［ストラクチャ］メニューからも選択して表示することができます．

デフォルトのフィードバックノードは，初期化端子と一体化しています．一体化しているフィードバックノードを右クリックして表示されるメニューから，［初期化子をループ 1 つ外側に移動］を選択すれば，初期化端子を移動することができます（図 3.48(b)）．

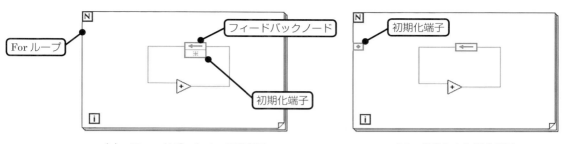

(a) フィードバックノードの表示　　　　　　(b) 移動した初期化端子

図 3.48　フィードバックノード

　フィードバックノードは，シフトレジスタと同様に前回のループ処理の結果を保持して次の処理に渡す機能をもっています．図 3.49 は，For ループの中にフィードバックノードを用いたサンプル VI [samp3_5.vi] です．For ループ中の上側のサブダイアグラムは，加算を計算する和関数の出力をフィードバックノードと数値表示器の両方に接続してあります．一方，下側のサブダイアグラムは，和関数の出力をフィードバックノードのみに接続してあります．このため，下側のサブダイアグラムでは，和関数の現在の出力値がフィードバックノードに保持され，数値表示器には前回の出力値が表示されます．したがって，この For ループ実行後に各数値表示器が表示する値は，下側のサブダイアグラムのほうが上側より 1 だけ少なくなります．

　フィードバックノードを使用すれば，同じ動作をするブロックダイアグラムであっても，シフトレジスタを用いた場合より簡単に記述できる利点があります．

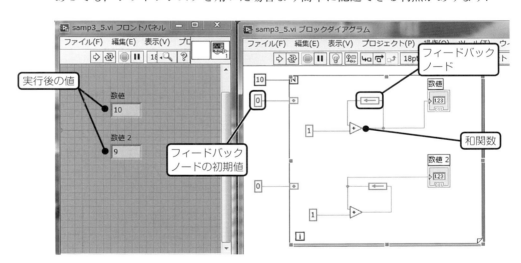

図 3.49　フィードバックノードの使用例 [samp3_5.vi]

図 3.50 に示す 2 つのサブダイアグラムは，どちらも同じ動作をします．

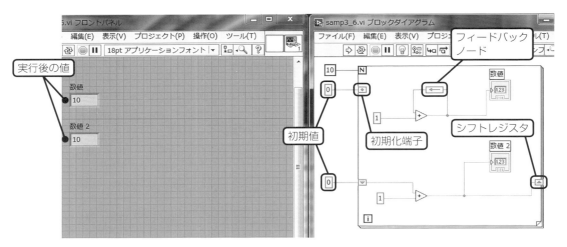

図 3.50　シフトレジスタとフィードバックノード［samp3_6.vi］

　フィードバックノードにおいて，初期化を行わない場合には，前回の実行後にフィードバックノードに残っている値がそのまま初期値となりますので注意してください．このことは，シフトレジスタを使用する場合と同様です．

## 3.1.4　ケースストラクチャ

　ケースストラクチャは，複数のサブダイアグラムの中から条件にあった 1 つのサブダイアグラムを選択して実行する制御構造です．一般的な文字記述型プログラミング言語では，if 文に相当します．ケースストラクチャを配置するには，図 3.51 に示すように，関数パレットから［ストラクチャ］➡［ケースストラクチャ］を選択します．そして，For ループや While ループの配置と同様に，ブロックダイアグラムウィンドウ内の適当な場所で，始点から終点までドラッグして任意の大きさに配置します．

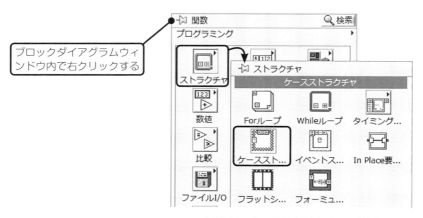

図 3.51　ケースストラクチャの選択

ケースストラクチャを配置すると，図3.52(a)に示すような，セレクタラベルとセレクタ端子をもった図形が現れます．セレクタラベルには［TRUE］と表示されていますが，左右の矢印ボタンをクリックするたびに［FALSE］と［TRUE］が切り替わります．また，下矢印をクリックして，表示を切り替えることもできます．

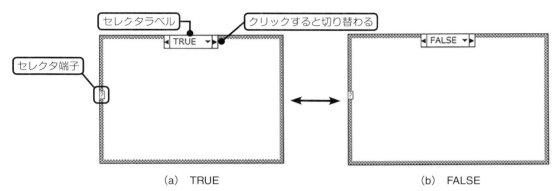

(a) TRUE　　　　　　　　　(b) FALSE

図3.52　ブール値のケースストラクチャ

この例では，ブール値の［TRUE］と［FALSE］の2個のケースストラクチャが存在しており，どちらか一方のケースストラクチャ（サブダイアグラム）を表示します．2個のケースストラクチャを同時に表示することはできません．つまり，［TRUE］と［FALSE］の2個のケースストラクチャは，重なった状態で存在しており，どちらか一方を上側にして表示すると考えることができます．そして，セレクタ端子に入力するデータによって，［TRUE］と［FALSE］のどちらか一方のケースストラクチャ内に書かれたサブダイアグラムを実行します（図3.53）．このように，場合分けされたサブダイアグラムをケース（case：場合）とよびます．

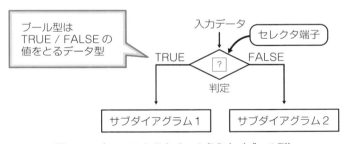

図3.53　ケースストラクチャの考え方（ブール型）

## 実習 3.3　ケースストラクチャ

入力した数値が，0以上であるか，0未満であるかを判定するVIを作成しましょう．LabVIEWを起動すると表示されるスタートアップウィンドウから，［ブランクVI］を選択して新規VIを作成します．図3.54に，この実習を進めた場合の最終的なプログラム［samp3_7.vi］を示します．

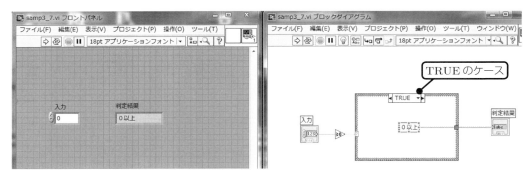

(a) ［TRUE］ケースのサブダイアグラム

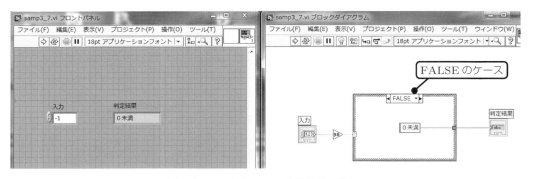

(b) ［FALSE］ケースのサブダイアグラム

図 3.54　最終的な VI ［samp3_7.vi］

**STEP1** ［TRUE］ケースの記述（図 3.55）

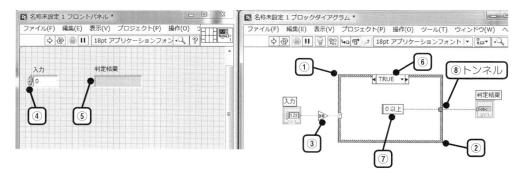

図 3.55　［TRUE］ケースの記述

① ブロックダイアグラムウィンドウ内で右クリックして表示される［関数パレット］➡［関数］➡［ストラクチャ］➡［ケースストラクチャ］を選択して，ストラクチャの始点を決めます．

② そのまま，ストラクチャの終点までドラッグします．

③ ブロックダイアグラムウィンドウ内で，［関数パレット］➡［比較］➡［0 以上？］を選択して配置します．

④ フロントパネル内で右クリックして表示される［制御器パレット］から，［数値］➡［数値制御器］を選択して配置します．ラベルを［入力］に変更します．

⑤ フロントパネル内で，［制御器パレット］から，［文字列＆パス］➡［文字列表示器］

を選択して配置します．ラベルを［判定結果］に変更します．
⑥ 配置したケースストラクチャのセレクタラベルが［TRUE］と表示されている状態にします．もしも，［FALSE］と表示されていたら，セレクタラベルの左右どちらかの矢印をクリックして［TRUE］に変更します．
⑦ ブロックダイアグラムウィンドウで，［関数パレット］➡［文字列］➡［文字列定数］を選択して配置します．文字定数を［0以上］に変更します．
⑧ 図3.55のように，ワイヤによってオブジェクト間の配線を行います．文字列定数と文字列表示器をワイヤ配線すると，ケースストラクチャの右枠上に小さな四角形が現れます．この四角形は，トンネルとよばれ，ストラクチャの内側と外側でデータを渡す際の通路としてはたらきます．

**STEP2** ［FALSE］ケースの記述（図3.56）

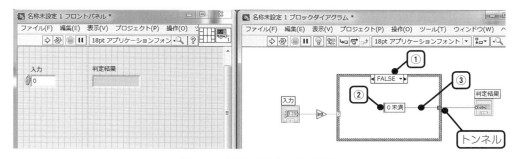

図3.56 ［FALSE］ケースの記述

① 配置したケースストラクチャのセレクタラベルが［FALSE］と表示されている状態にします．もしも，［TRUE］と表示されていたら，セレクタラベルの左右どちらかの矢印をクリックして［FALSE］に変更します．
② ブロックダイアグラムウィンドウで，［関数パレット］➡［文字列］➡［文字列定数］を選択して配置します．文字定数を［0未満］に変更します．
③ 図3.56のように，ワイヤを用いて配線を行います．

以上でVIは完成です．入力に適当な数値を設定してVIを実行し，動作確認を行ってください．

**基本事項** **1 数値型のケースストラクチャ**

実習3.3では，ブール型のケースストラクチャについて説明しました．ケースストラクチャは，ブール型以外に，数値型の判定を行うことも可能です．たとえば，図3.55では，ケースストラクチャのセレクタ端子に，［0以上？］関数の出力を配線しました．この関数の出力はブール型であるために，ケースストラクチャも自動的にブール型が選択されました．一方，図3.57に示すように，たとえば「U8」（8ビットの符号なし整数）の数値制御器をケースストラクチャのセレクタ端子に接続した場合を見てみましょう．

数値表示器からセレクタ端子のワイヤ配線を行うと同時に，セレクタラベルの表示が［0, デフォルト］か［1］に変化します．さらに，セレクタラベルの下矢印のボタンをクリックすれば，［0, デフォルト］と［1］の2個のケースが選択できる

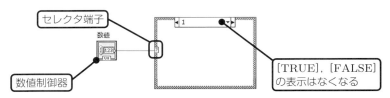

図 3.57　数値型のケースストラクチャ

ようになっていることが確認できます．この場合では，セレクタ端子への入力データが 0 のときにケース［0, デフォルト］を，入力データが 1 のときにケース［1］に記述したサブダイアグラムを選択して実行します．このように，セレクタ端子に接続するデータ型によって，自動的に適切なケースストラクチャ構造が選択されます．そして，ケースストラクチャの枠線上で右クリックして表示されるメニューから［後にケースを追加］や［前にケースを追加］を選択すれば，入力データを判定して選択するケースの数を増やすことができます．

また，ケースの選択条件（セレクタ値）は，セレクタラベルをダブルクリックして直接入力によって変更することが可能です．この場合，図 3.58(a)に示すように，1 個のケース中でセレクタ値をカンマ［,］で区切って［4,6,8］のように複数記述することも可能です．さらに，10 以上［10..］，10 以下［..10］，2 以上 5 以下［2..5］のように指定することもできます（図(b)）．

(a)　複数の記述例　　　　　　　　　(b)　範囲の記述例

図 3.58　セレクタ値の指定例

### 2 デフォルト

ケースストラクチャにおいて，セレクタ端子に入力されたデータがいずれのケースにも該当しなかった場合には，セレクタ値の後にデフォルトと表示されたケースが実行されます（図 3.59）．LabVIEW では，デフォルトのケースを作成しておくことが必要です．

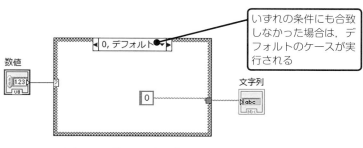

図 3.59　デフォルトのケース

### 3 ケースの順序変更

ケースが3個以上ある場合は，セレクタラベルの両側にある左右の矢印ボタンをクリックして表示されるケースの順序を変更することが可能です．ケースストラクチャの外枠上で右クリックして表示されるメニューから，[ケースを並べ替え]を選択すると，図3.60に示すウィンドウが表示されます．このウィンドウのケースリストに表示されているケースをドラッグして並べ替えることで，ケースの順序が設定できます．ただし，設定したケースの順序は，ケースストラクチャの実行には無関係です．

図 3.60　ケースを再調整

### 4 トンネル

トンネルは，ストラクチャの中と外を結ぶデータの通り道であり，ワイヤ配線を行うことで自動的に表示されます．図3.55や図3.56では，どちらも出力トンネルが表示されていますが，ブロックダイアグラムによっては，ストラクチャにデータを入力する入力トンネルが設定されます．また，ケースストラクチャにおいて，出力トンネルを配置した場合には，すべてのケースで出力トンネルへの配線を行う必要があります．トンネルは，ケースストラクチャだけではなく，ForループやWhileループなどでも使用できます．

## 3.1.5　フラットシーケンスストラクチャ

フラットシーケンスストラクチャは，複数のサブダイアグラムを順次実行していく制御構造です．前項で説明したケースストラクチャでは，複数のサブダイアグラムの中のどれか1個を選択して実行していましたが，ここで学ぶフラットシーケンスストラクチャは指定した順序ですべてのサブダイアグラムを実行します(図3.61)．

図3.62に，フラットシーケンスストラクチャを配置した例を示します．フラットシーケンスストラクチャは，フィルムのようにフレームが連続して表示されており，各フレーム内に書かれたサブダイアグラムが左から右に向かって順次実行されます．

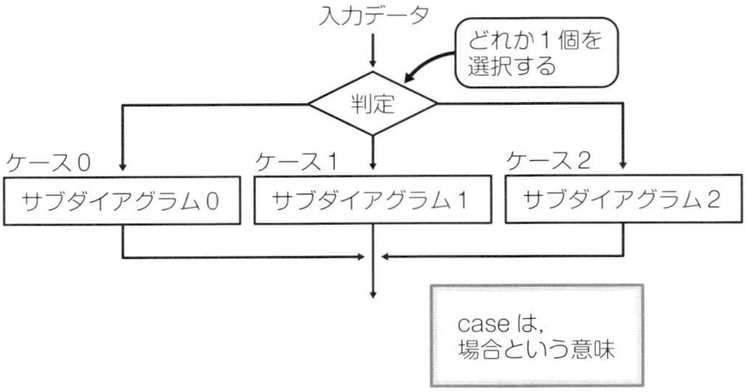

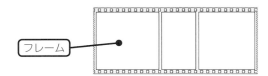

(a) ケースストラクチャ 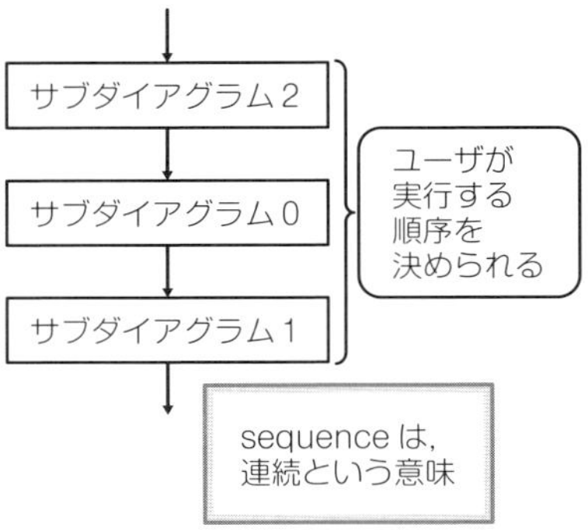    (b) フラットシーケンスストラクチャ

図 3.61　制御の流れ

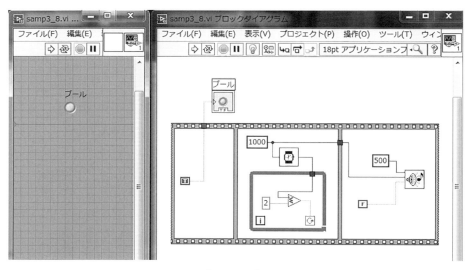

図 3.62　フラットシーケンスストラクチャの配置例

## 実習 3.4　フラットシーケンスストラクチャ

　フラットシーケンスストラクチャを使用して，3個のフレームに記述したサブダイアグラムを順次実行する VI を作成しましょう．実行の動作は，［LED 点灯］➡［1 秒待機］➡［ビープ音を 1 秒鳴らす］とします．LabVIEW を起動すると表示されるスタートアップウィンドウから，［ブランク VI］を選択して新規 VI を作成します．図 3.63 に，この実習を進めた場合の最終的なプログラム［samp3_8.vi］を示します．

図 3.63　最終的な VI［samp3_8.vi］

## STEP1 フラットシーケンスストラクチャの配置（図 3.64）

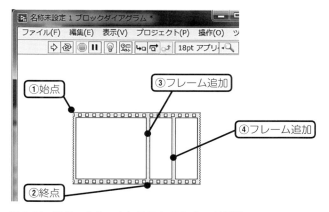

図 3.64　フラットシーケンスストラクチャの配置

① ブコックダイアグラムウィンドウ内で右クリックして表示される［関数パレット］➡［ストラクチャ］➡［フラットシーケンスストラクチャ］を選択して，ストラクチャの始点を決めます．
② そのまま，ストラクチャの終点までドラッグします．
③ 配置したフラットシーケンスストラクチャの枠線上で右クリックして表示されるメニューから，［後にフレームを追加］を選択します．
④ 上記③と同じ操作によって，［後にフレームを追加］を選択し，フレームをもう1個追加します．

## STEP2 左側のフレーム内にサブダイアグラムを作成（図 3.65）

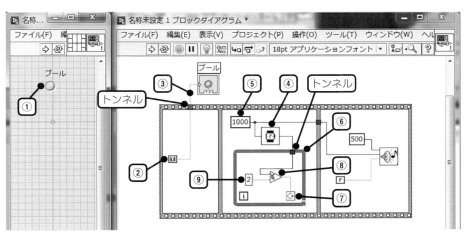

図 3.65　2 個のフレーム内のサブダイアグラムを作成

① フロントパネル内で右クリックして表示される［制御器パレット］➡［ブール］➡［円 LED］を選択して LED を配置します．
② ブロックダイアグラムウィンドウ内で右クリックして表示される［関数パレット］➡［ブール］➡［TRUE 定数］を選択して配置します．
③ 配置した LED と TRUE 定数をワイヤで配線します．配線を行うと，ワイヤがフレームを通り抜ける所にはトンネルが自動配置されます．

**STEP3** 中央のフレーム内にサブダイアグラムを作成（図 3.65）

④ ブロックダイアグラムウィンドウ内で右クリックして表示される［関数パレット］➡［タイミング］➡［待機（ms）］を選択して配置します.

⑤ 配置した［待機（ms）］関数の左辺で右クリックして表示されるメニューから，［作成］➡［定数］を選択して配置します．そして，定数の値を 1000 に変更します．定数の配置は，［関数パレット］➡［数値］➡［数値定数］を選択することでも行えます．

⑥ ［関数パレット］➡［ストラクチャ］➡［While ループ］を選択し，適当な大きさにして配置します．

⑦ 配置した While ループ内のループ条件ボタンを右クリックして表示されるメニューから，［TRUE の場合継続］を選択します．この操作は，ループ条件ボタン上でマウスのアイコンが手の形になった状態でクリックすることでも行えます．

⑧ ［関数パレット］➡［比較］➡［以下 ?］を選択して配置します．

⑨ 配置した［以下 ?］関数の入力の下側端子上で右クリックして表示されるメニューから，［作成］➡［定数］を選択して配置します．そして，定数の値を 2 に変更します．定数の配置は，［関数パレット］➡［数値］➡［数値定数］を選択することでも行えます．

⑩ 配置したオブジェクトなどをワイヤで配線します．配線を行うと，ワイヤが While ループを通り抜ける所にはトンネルが自動配置されます．

**STEP4** 右側のフレーム内にサブダイアグラムを作成（図 3.66）

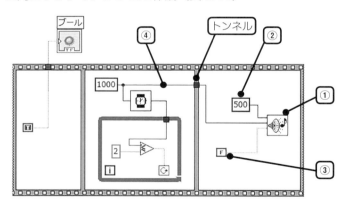

図 3.66　右側のフレーム内のサブダイアグラムを作成

① ブロックダイアグラムウィンドウ内で右クリックして表示される［関数パレット］➡［グラフィック＆サウンド］➡［ビープ音］を選択して配置します．この［ビープ音］関数は，パソコンに接続されているスピーカから，ピーという音を出す関数であり，図 3.67 に示すように，音の周波数と持続時間を指定できます．この詳細ヘルプウィンドウは，メニューバーの［ヘルプ］➡［詳細ヘルプを表示］を選択した後，カーソルをビープ音オブジェクト上に置くと表示されます．［ビープ音］関数は，パソコンに設定されているビープ音機能を使用するようにも指定（システムアラート）できますが，この実習では周波数を 500 Hz，持続時間を 1000 ミリ秒（1 秒）に設定して使用します．

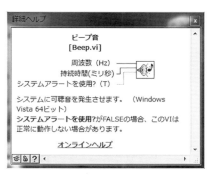

図 3.67 [ビープ音] 関数の詳細ヘルプ

② 配置した [ビープ音] 関数の左辺の [周波数 (Hz)] 端子上で右クリックして表示されるメニューから, [作成]➡[定数] を選択して配置します. そして, 定数の値を 500 に変更します.

③ 配置した [ビープ音] 関数の左辺の [システムアラートを使用? (T)] 端子上で右クリックして表示されるメニューから, [作成]➡[定数] を選択して配置します. そして, 定数の値を F (FALSE) に設定します.

④ [ビープ音] 関数の [持続時間 (ミリ秒)] 端子には, 1 つ前のフレームに配置した数値定数 [1000] をワイヤで配線します. このように, 異なるフレームからトンネルを通してデータの受け渡しをすることができます.

以上で, [samp3_8.vi] が完成しました. フロントパネルの LED は消灯しておきましょう. 実行ボタンをクリックすると, 「LED 点灯」➡「1 秒待機」➡「ビープ音が 1 秒鳴る」のように動作するはずです.

**基本事項 ❶ プログラム実行の順序**

たとえば, C 言語を用いて作成したプログラムは, 基本的には記述した順序でコードが実行されていきます. 一方, LabVIEW のプログラムは, ある機能に対する入力データがすべて揃った時点で, その機能が実行されます (図 3.68). そして, ある機能から出力されたデータは, 接続されている他の機能への入力データとなります. このように, LabVIEW においては, コードの実行順序が記述位置に関係しません. したがって, コードの実行順序を制御したい場合には, フラットシーケンスストラクチャを使用します.

図 3.68 LabVIEW でのプログラム実行順序

### 2 トンネル

前項で説明したケースストラクチャでは，すべてのケースにおいて，配置した出力トンネルへの配線を行う必要がありました（75ページの基本事項4参照）．しかし，フラットシーケンスストラクチャでは，1個の出力トンネルへの配線は1個のフレーム内のみで行います．たとえば，図3.66にあるトンネルは，中央のフレームから見ると出力トンネルです．この出力トンネルへの配線は，中央のフレーム内のみで行われています．

また，データをフラットシーケンスストラクチャ外部へ出力するための出力トンネルを配置することも可能です．この場合には，出力トンネルの配置されているフレームの実行が終了した時点で，データがフラットシーケンスストラクチャ外部へ出力されるわけではありませんので注意が必要です．データが出力トンネルを通って，フラットシーケンスストラクチャ外部へ出力されるのは，すべてのフレームの実行が終了したときになります．一方，データをフラットシーケンスストラクチャ内部へ入力するために配置する入力トンネルについては，その入力トンネルの配置されているフレームの実行時に入力が行われます．また，入力トンネルから得られるデータは，どのフレームからでも配線して使用できます．

### 3 フォーミュラノード

フラットシーケンスストラクチャには直接関係ありませんが，数式処理に便利な機能であるフォーミュラノードについて紹介します．LabVIEWには，豊富な数値計算用の関数が備わっていますので，それらを使用して数値計算を行うことが可能です．たとえば，図3.69は，数値1の平方根を求め，それに定数2を加算して，数値2として表示するブロックダイアグラムです．

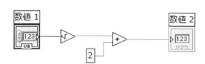

図3.69　関数を使用した数値計算の例

一方，LabVIEWには，数式を記述することで，数式処理を行うフォーミュラノードの機能も備わっています．フォーミュラノードは，図3.70に示すように，関数パレット内の［ストラクチャ］➡［フォーミュラノード］を選択して配置します（図3.71）．

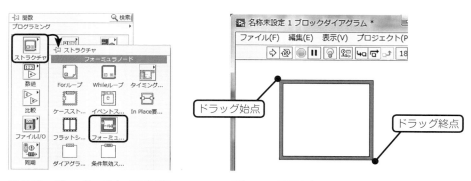

図3.70　フォーミュラノードの選択　　　図3.71　配置したフォーミュラノード

配置したフォーミュラノードの枠上で右クリックして表示されるメニューの中から，［入力を追加］，または［出力を追加］を選択すれば，入力端子や出力端子を配置することができます（図 3.72(a)）．配置した入力端子と出力端子を比べると，出力端子の枠線が入力端子よりも太くなっています．また，図 3.72(b) に示すように，配置した入力端子，または出力端子をダブルクリックすれば，キーボードから任意の変数名を入力できます．

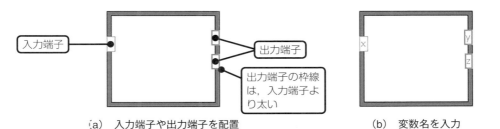

図 3.72　入力端子と出力端子

図 3.69 に示した数値計算と同様に動作するブロックダイアグラムを，フォーミュラノードによって記述した例を図 3.73 に示します．入力端子の変数名は x, 出力端子の変数名は y と z にしてあります．そして，フォーミュラノードの中には，これらの変数 x, y, z を用いた 2 つの計算式が記述してあります．sqrt は，平方根を求める計算を示します．

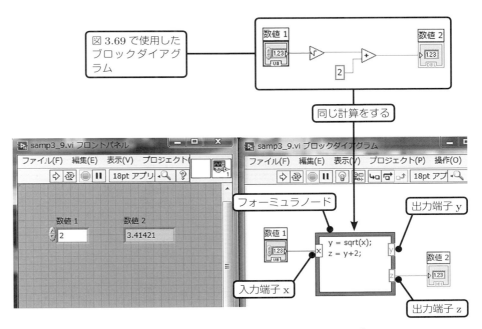

図 3.73　フォーミュラノードの使用例［samp3_9.vi］

図 3.73 の例では，出力端子 y からの配線を行っていません．このような場合であっても，出力端子 y を省略することはできません．フォーミュラノード内で使用するすべての変数は，入力端子または出力端子に定義しておくことが必要なのです．

表3.3 に，フォーミュラノードに使用できる関数などを示します．

表3.3　フォーミュラノード関数など

| | |
|---|---|
| 関　数 | abs, acos, acosh, asin, asinh, atan, atan2, atanh, ceil, cos, cosh, cot, csc, exp, expm1, floor, getexp, getman, int, intrz, ln, lnp1, log, log2, max, min, mod, pow, rand, rem, sec, sign, sin, sinc, sinh, sizeOfDim, sqrt, tan, tanh, \*\*（指数） |
| 論理式，条件式 | ?:,　‖,　&&, !=, ==, <, >, <=, >= |
| 定　数 | π |

フォーミュラノードでは条件分岐による処理を行うこともできます．たとえば，次のように記述した場合には，変数 x の値が正ならば x の平方根を計算して z に代入しますが，x が負のときには z に－999 を代入して処理を終えます．

　　　z＝（x>=0）?sqrt（x）:－999

これまで，いくつかの代表的なストラクチャについて実習を交えながら説明してきました．このほかにも LabVIEW には，イベントストラクチャやタイミングストラクチャとよばれる機能などがあります．イベントストラクチャは，ユーザの VI の操作方法に応じて実行するサブダイアグラムを選択できる機能です．また，タイミングストラクチャは，サブダイアグラムを時間制限と遅延付きで実行できる機能です．

## 3.2 配列

配列は，同じ型のデータをまとめて扱うことのできる機能です．たとえば，文字型配列やブール型配列，倍精度型配列などを作成して，それぞれの型のデータをひとまとめにして扱うことができます．ここでは，配列の基本的な事項と，配列に使用する関数などについての理解を深めましょう．

### 3.2.1 配列の配置

配列を配置する手順を説明します．図 3.74 に示すように，フロントパネル内で右クリックして表示される制御器パレットから，[配列、行列＆クラスタ] ➡ [配列] を選択してフロントパネルに配置します．

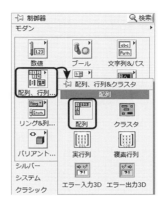

図 3.74 配列を選択

図 3.75 に，配置直後の配列を示します．ブロックダイアグラムウィンドウ内の配置直後の配列アイコンは，白黒表示になっています．

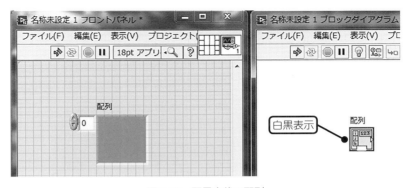

図 3.75 配置直後の配列

配置した配列に，使用したいデータ型の制御器，または表示器をドラッグ操作で重ねます．ここでは，倍精度型の数値表示器を配列として使用する場合を説明します．[制御器パレット] ➡ [数値] ➡ [数値表示器] を選択して，図 3.76(a) に示すよ

うに，配置してある配列上にドラッグして移動します．すると，図(b)に示すように，フロントパネル上の配列は数値表示器の形になり，それと同時にブロックダイアグラムウィンドウのアイコンが配置した表示器と同じデータ型を示す表示に変化します．

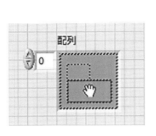 

(a) 数値表示器を移動　　　　　　　　(b) アイコンの変化

図 3.76　倍精度型の配列を作成

図 3.76 において配置した配列の要素は，1個になっています．配列の要素を増やすには，図 3.77(a)に示すように，フロントパネルに表示されている配列の要素をドラッグして拡大します．この操作で，配列の要素を必要な個数に設定することができます．図(b)は，要素を5個に設定した例です．要素の左側に表示されている数値制御器に似た［指定表示］は，要素の番号を指定します．LabVIEW で扱う配列の要素番号は，0番から始めて，n－1番までとします．たとえば，図 3.77(b)では，0番から4番までの5個の配列要素を設定したことになります．

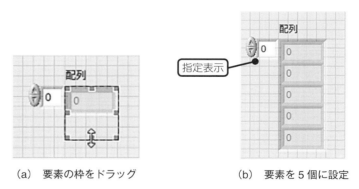

(a) 要素の枠をドラッグ　　　　　　　(b) 要素を5個に設定

図 3.77　配列要素の個数設定

また，要素の追加や削除は，対象とする要素の上で右クリックして表示されるメニューから，［データ操作］⇒［前に要素を挿入］，または［要素を削除］を選択することでも行えます．

図 3.77 では，要素が5個の1次元配列を作成する例を説明しました．次に，2次元配列を作成する手順を説明します．図 3.78(a)に示すように，要素番号を指定する指定表示を選択後，ドラッグして拡大すれば，必要な次元数の配列に変更できます．図(b)に，作成した2次元配列の外観を示します．2次元配列の指定表示は，上側が行，下側が列を示します．また，要素を選択して右側に拡大すれば，図(c)に示すように，すべての要素を表示することができます．配列の要素は，必要に応じて表示するようにします．つまり，表示されている以外の要素を扱うことも可能です．

3.2 配列 85

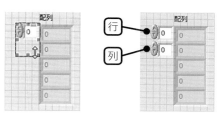
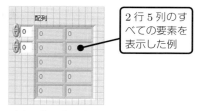

(a) 指標表示を拡大　(b) 2次元配列の作成　(c) 全要素の表示

図 3.78　2次元配列の作成

また，次元の追加や削除は，指標表示の上で右クリックして表示されるメニューから，[次元を追加]，または[次元を削除]を選択することでも行えます．

## 実習 3.5　1次元配列

10個の乱数を生成して，表示するVIを作成しましょう．生成した乱数は，10個の要素をもつ1次元配列に格納することにします．図 3.79 に，この実習を進めた場合の最終的なプログラム [samp3_10.vi] を示します．

10個の乱数は，Forループを用いて生成します．図 3.80 に示すように，倍精度型の数値表示器を配列として配置し，Forループの出力トンネルに配線しましょう．

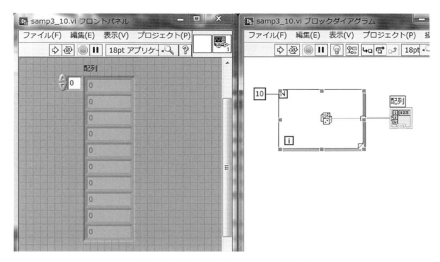

図 3.79　最終的な VI [samp3_10.vi]

86　第3章　LabVIEW プログラミングの基礎

### STEP1 ブロックダイアグラムの作成（図 3.80）

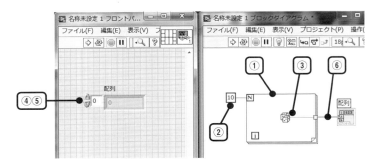

図 3.80　作成を終えたブロックダイアグラム

① ［関数パレット］⇒［ストラクチャ］⇒［For ループ］を選択して，For ループを配置します．
② For ループのループカウント N の左側で右クリックして表示されるメニューから，［定数を作成］を選択して，定数を配置します．そして，定数を 10 と入力します．
③ ［関数パレット］⇒［数値］⇒［乱数(0-1)］を選択して，For ループ内に配置します．
④ ［制御器パレット］⇒［配列、行列＆クラスタ］⇒［配列］を選択して配置します．
⑤ ［制御器パレット］⇒［数値］⇒［数値表示器］を選択して，配置してある配列にドラッグして移動します．
⑥ 乱数(0-1) 関数と配列をワイヤで配線します．

　以上で，VI は完成しました．

### STEP2 VI の実行

　実行ボタンをクリックすると，図 3.81(a)に示すように，配列要素に 1 個の乱数値が表示されます．そして，図(b)のように要素を選択してドラッグ操作で拡大すると，図(c)のように生成した 10 個の乱数値が表示されます．
　図 3.81(c)では，表示する要素の個数を 11 個，つまり生成した乱数の個数（10 個）よりも多くしています．このため，表示した 11 個目の未使用要素は，背景がグレーで表示されています．
　この実習では，倍精度型の配列を配置した後，要素の個数を設定していませんでした．しかし，VI の実行後には，必要な数の要素が自動的に作成されていることが確認できました．このように，配列を使用する際には，あらかじめ要素の個数を設定しなくても，VI の実行中に必要な数の要素が自動的に設定されます．図 3.82 は，実行後の VI の指標表示を［4］に設定した場合の画面を示しています．指標表示を操作した場合には，指定した番号の要素を先頭にした表示が行われます．

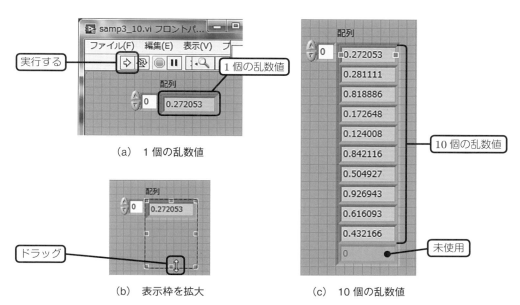

(a) 1個の乱数値

(b) 表示枠を拡大

(c) 10個の乱数値

図 3.81　実行結果

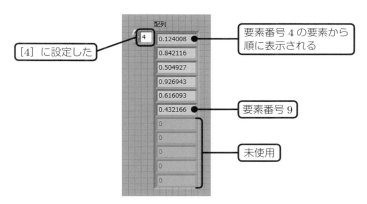

図 3.82　指標表示の使用例

**基本事項**　**1 配列の配線**

　配列は，制御器や表示器を複数まとめて扱う際に便利な機能です．図 3.83 に，3 行 3 列の制御器（スイッチ）に，表示器（LED）を接続した例を示します．配列を使用しなければ，各々の制御器と表示器をすべて配線するのに 3 × 3 = 9 本

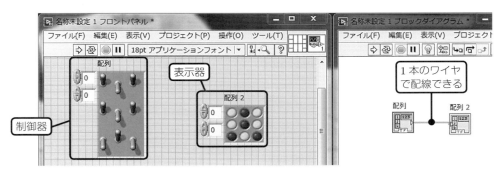

図 3.83　配列の使用例

のワイヤが必要になりますが，配列を使用すれば1本のワイヤのみで配線できます．ただし，チャートとグラフは，配列として使用できませんので注意してください．

### 2 配列または要素への変更

LabVIEW 2015 から，配列でない要素として配置した表示器や制御器を配列に変更したり，配列を配列でない要素に変更したりする操作が簡単にできるようになりました．変更したい表示器や制御器を右クリックして表示されるメニューから［配列に変更］，または［要素を変更］を選択します．この操作は，フロントパネル，ブロックダイアグラムウィンドウのどちらからでも実行可能です．図3.84に変更操作の例を示します．

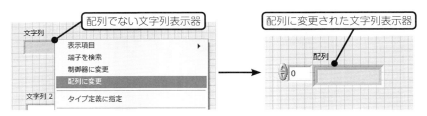

図 3.84　配列でない表示器を配列に変更

### 3 自動指標付け

実習3.5では，配列要素の個数が，生成した乱数の個数と自動的に同じになっていました．動作としては，Forループで生成した乱数がそのつど保持され，ループ終了時にまとめて出力トンネルを通じて配列に出力されていたのです．この機能は，自動指標付けとよばれます．自動指標付けは，デフォルトの状態では，Forループで使用（オン），Whileループで未使用（オフ）の設定になっていますので注意してください．設定を変更するには，出力トンネルの上で右クリックして表示されるメニューから，［トンネルモード］→［指標］，または［最後の値］を選択します（図3.85）．トンネルの形は，自動指標付けの設定によって変化します．

また，図3.86に示すように，出力トンネルの上で右クリックして表示されるメニューから，［作成］→［表示器］を選択して表示器を配置する際には，自動指標付

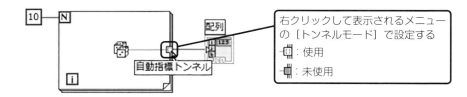

図 3.85　自動指標付けの設定

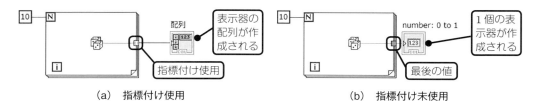

（a）指標付け使用　　　　　　　　　（b）指標付け未使用

図 3.86　作成される表示器の違い

けの設定によって異なった表示器が作成されます．

図 3.86(b) のように，配列ではなく，1 個の数値表示器を接続した場合に VI を実行させると，ループの最終回で生成した乱数値 1 個（最後の値）のみが表示器によって表示されます．

### ◪ 多重ループと配列

多重ループとは，ループの中に，さらにほかのループが入っているような入れ子構造の繰り返しのことです．たとえば，For ループの中に，ほかの For ループ 1 個が記述されている構造を 2 重ループといいます．多重ループを使用すれば，多次元配列を自動的に作成することができます．図 3.87［samp3_11.vi］は，2 個の For ループを入れ子構造にした 2 重ループを用いて，2 次元配列を作成した例です．内側の For ループは 4 回繰り返され，外側の For ループは内側の For ループを 3 回繰り返します．つまり，4 × 3 = 12 回の乱数生成が実行されます．

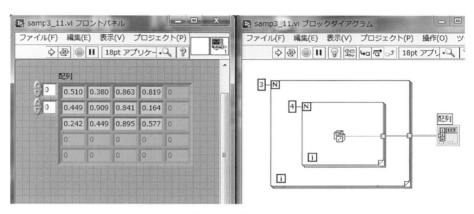

図 3.87　2 次元配列の作成［samp3_11.vi］

生成した 12 個の乱数を，2 次元配列として表示することにします．図 3.87 の VI を記述する手順として，図 3.88 に示すように，2 個の For ループと乱数を配置します．そして，乱数から外側のループまでをワイヤで配線します．

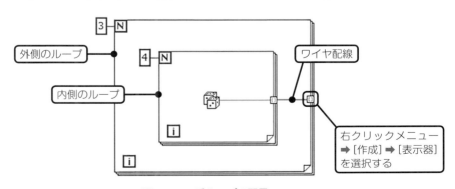

図 3.88　2 重ループの配置

図 3.88 において，外側のループ枠上にできた出力トンネルの上で右クリックして表示されるメニューから，［作成］➡［表示器］を選択すれば，自動的に配列型の表示器が作成されます（図 3.89）．

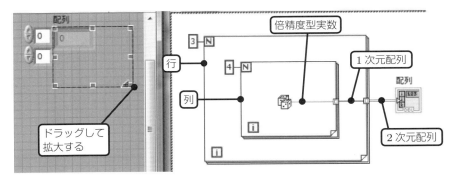

図 3.89　表示器を作成

以上の操作で図 3.87 と同じ VI が作成できました．このブロックダイアグラムを見ると，内側のループ内では配列でない倍精度型実数用の細いワイヤ，内側のループから出る配線には 1 次元配列用の太いワイヤ，外側のループから出る配線には 2 次元配列用の二重線のワイヤが形成されています．これらのワイヤ種別の違いは，ヘルプウィンドウを表示させておいて，マウスカーソルを各ワイヤ上へ移動することでも確認できます．ヘルプウィンドウは，メニューバーの［ヘルプ］➡［詳細ヘルプを表示］を選択すれば表示できます．

この 2 重ループでは，外側のループで 2 次元配列の行を，内側のループで列を決めています．つまり，生成した乱数は，3 行 4 列の 2 次元配列として表示されることになります．VI を実行した後に，フロントパネルの表示器の右下をドラッグして表示部分を拡大すれば，作成された 2 次元配列型の表示器に乱数が表示されているのが確認できます．

## 3.2.2　配列関数

LabVIEW には，多くの配列用の関数が用意されています．図 3.90 に示すように，配列関数は，［関数パレット］➡［配列］を選択して表示される配列サブパレット内に納められています．

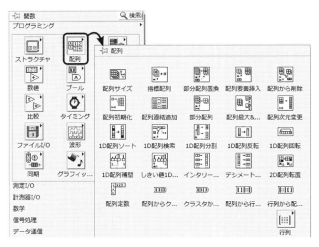

図 3.90　配列サブパレット

次の実習によって，いくつかの配列関数について学びましょう．

## 実習 3.6 配列関数

4行3列の2次元配列を用意します．その配列に対して，いくつかの配列関数を用いた処理結果を表示してみましょう．図3.91に，この実習を進めた場合の最終的なプログラム［samp3_12.vi］を示します．

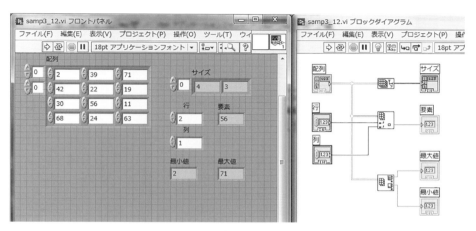

図 3.91　最終的なプログラム［samp3_12.vi］

### STEP1 ［配列サイズ］と［指標配列］関数の配置

この実習では，3種類の配列関数を使用しています．まずは，配列サイズと指標配列の2種類の関数を配置して，図3.92までのブロックダイアグラムを作成しましょう．

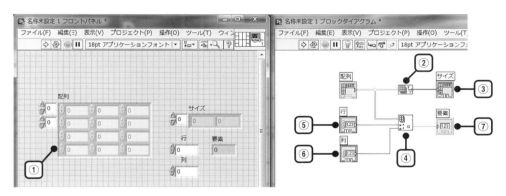

図 3.92　2種類の配列用関数の配置

① ［制御器パレット］→［配列、行列＆クラスタ］→［配列］を選択してフロントパネルに配置します．［制御器パレット］→［数値］→［数値制御器］を選択して，配置した配列にドラッグ操作で移動します．指標表示部分をドラッグ操作で拡大して，2次元配列に変更します（85ページ図3.78参照）．作成した2次元配列の表示部分を拡大して，キーボードから任意の数値データを入力しておきましょう．

② ［関数パレット］→［配列］→［配列サイズ］関数を選択して配置します．配置した関数の左側の入力を①で作成した2次元配列とワイヤで配線します．
③ 配列サイズ関数の右側の出力端子上で右クリックして表示されるメニューから，［作成］→［表示器］を選択して表示器を配置します．
④ ［関数パレット］→［配列］→［指標配列］関数を選択して配置します．配置した関数の左側の配列入力を①で作成した2次元配列とワイヤで配線します．
⑤ 指標配列関数の左側の行入力端子上で右クリックして表示されるメニューから，［作成］→［制御器］を選択して制御器を配置します．
⑥ 指標配列関数の左側の列入力端子上で右クリックして表示されるメニューから，［作成］→［制御器］を選択して制御器を配置します．
⑦ 指標配列関数の右側の出力端子上で右クリックして表示されるメニューから，［作成］→［表示器］を選択して表示器を配置します．

**STEP2** ［配列最大＆最小］関数の配置（図3.93）

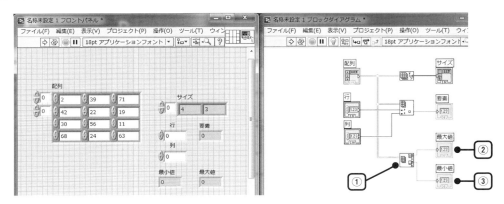

図3.93 配列最大＆最小関数の配置

① ［関数パレット］→［配列］→［配列最大＆最小］関数を選択して配置します．配置した関数の左側の入力を，STEP 1の①で作成した2次元配列とワイヤで配線します．
② 配列最大＆最小関数の右側の出力端子（最大値）上で右クリックして表示されるメニューから，［作成］→［表示器］を選択して表示器を配置します．
③ 配列最大＆最小関数の右側の出力端子（最小値）上で右クリックして表示されるメニューから，［作成］→［表示器］を選択して表示器を配置します．

以上で，このVIは完成です．実行ボタンをクリックして，処理結果を表示してみましょう．ここで用いた関数は，次のようにはたらきます．

・配列サイズ

入力された配列の要素の個数を出力します．［samp3_12.vi］では，4行3列の2次元配列を配列サイズ関数に入力していますので，関数からは4と3が出力されます．

・指標配列

指定した配列の指標番号に対応する要素の値を出力します．図3.91では，行に2，

列に1を指定しましたので，対応する要素の値56が出力されています．指標番号は，0から始まることに注意してください．

• 配列最大＆最小関数

入力された配列の要素の最大値と最小値を出力します．また，これら最大値と最小値の指標番号を出力することもできます．

**基本事項** **1 指標配列** ..............................................................

図3.94(a)に，配置直後の指標配列関数のアイコンを示します．この状態では，1次元配列の入力を想定しており，1個の指標入力端子が表示されます．そして，たとえば，関数の入力端子に2次元配列を接続すると，指標入力端子が自動的に2個になります（図3.93参照）．一方，さらに指標入力端子や要素出力端子を増やしたい場合には，図3.94(b)に示すように関数のアイコンにマウスポインタを重ねてドラッグポイントを表示します．そのドラッグポイントをドラッグすれば，任意の入力端子数に拡張することができます（図(c)）．入出力端子を拡張した場合には，未配線の端子が存在してもVIを実行することができます．

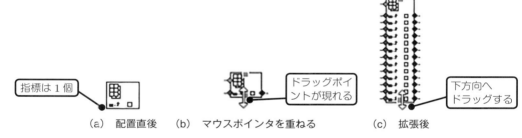

図3.94 指標配列関数の拡張

また，指標配列関数では，入力した配列の一部を部分配列として出力することもできます．たとえば，図3.95に示すように，2次元配列を入力した指標配列関数の列入力端子のみに数値制御器を接続すれば，指定した列指標の要素を部分配列として取り出すことができます．

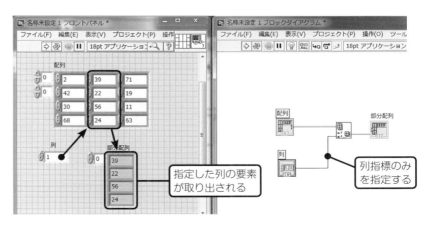

図3.95 部分配列の取り出し例

### ❷ 関数の多態性

これまでの実習などで使用してきた配列用関数以外の一般関数は，配列データに使用することもできます．たとえば，加算を行う和関数を配列に対して使用した場合を見てみましょう．図 3.96(a) は，2 個の定数値を加算した結果を表示する VI の実行画面です．図 (b) は，加算するデータの 1 個を配列データに変更した場合の実行例です．すべての配列要素に，定数 3 が加算されていることが確認できます．

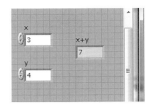
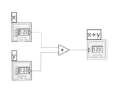
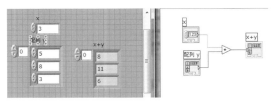

(a) 2 個の定数値を加算［samp3_13.vi］　　　(b) 定数値と配列データを加算［samp3_14.vi］

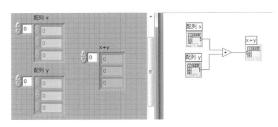

(c) 2 個の配列データを加算［samp3_15.vi］

図 3.96　和演算の使用例

また，図 (c) は，2 個の配列 x, y を加算する VI の実行結果です．これらは，すべて同じ和関数を用いて記述することができます．このように，扱うデータに応じて関数が自動的に適切な処理を行うことを，多態性または多形性といいます．

## 3.3 クラスタ

前節で学んだ配列は，同じ型のデータをまとめて扱うことのできる機能でした．ここで説明するクラスタは，異なった型のデータをまとめて扱うことのできる機能です．たとえば，文字型やブール型，倍精度型などのデータをまとめて表示器や制御器とすることが可能です．ここでは，クラスタの基本的な事項についての理解を深めましょう．

### 3.3.1 クラスタの配置

クラスタは，配列と異なり，異なった型のデータをまとめて扱うことのできる機能です．図3.97に，表示器クラスタの例を示します．この例では，文字列型，ブール型，倍精度数値型のデータ表示器と波形グラフをまとめて1個のクラスタとしています．このように，たとえ異なったデータ型であっても，1個のグループとしてまとめると，ほかのグループ（ほかのクラスタ）への配線がワイヤ1本で行えるなどの利点が生じます．また，配列ではチャートやグラフを扱うことができませんでしたが，クラスタでは扱うことが可能です．ただし，クラスタは配列とは異なり，VIの実行中に動的にサイズを変更することができません．あらかじめ作成したクラスタの構成を維持したまま処理が行われます．

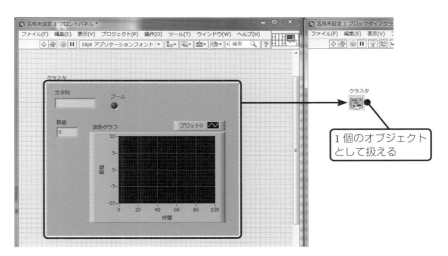

図3.97　表示器クラスタの例

クラスタの配置は，配列の配置に似ています．はじめに，図3.98に示すように，フロントパネル内で右クリックして表示される制御器パレットから，［配列，行列＆クラスタ］➡［クラスタ］を選択してフロントパネルに配置します．図3.99に，配置直後のクラスタを示します．このクラスタは，枠上に表示される四角形をドラッグすることで，サイズ変更することができます．

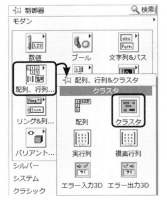
図 3.98 クラスタを選択

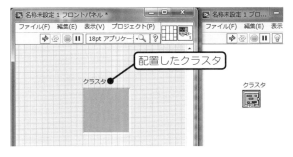
図 3.99 配置直後のクラスタ

次に，クラスタに格納したい制御器や表示器を選択して，フロントパネルに配置したクラスタにドラッグして移動します．ただし，クラスタの形式は，制御器か表示器のいずれか一方です．この形式は，最初にドラッグして移動したオブジェクトの形式によって決まります．たとえば，最初に数値表示器をドラッグして移動すれば，それ以降にはたとえ制御器を移動しても自動的に表示器に変更されます．ただし，クラスタの構成を終えた後に，そのクラスタ全体の形式を表示器や制御器に変更することは可能です．この変更は，クラスタ（フロントパネルでは，クラスタの枠）を右クリックして表示されるメニューから，［表示器に変更］，または［制御器に変更］を選択します．この操作は，一般の制御器や表示器と同じです．練習として，図 3.100(a) に示す表示器クラスタを作成した後，クラスタ全体の形式を制御器に変更してみてください（図(b)）．

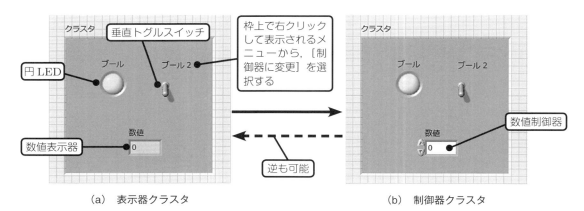
(a) 表示器クラスタ　　　　　　　　　　　(b) 制御器クラスタ
図 3.100 クラスタ全体の形式変更

クラスタを作成する場合には，クラスタにドラッグして移動する制御器や表示器の移動順序が重要な意味をもちます．このことについては，次の実習 3.7 の基本事項 **2** で説明します．

## 実習 3.7　クラスタの接続

制御器クラスタと表示器クラスタを接続して実行してみましょう．クラスタには，異なるデータ型のオブジェクトを格納することにします．図 3.101 に，この実習を進めた場合の最終的なプログラム［samp3_16.vi］を示します．

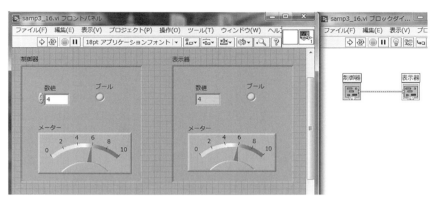

図 3.101　最終的なプログラム［samp3_16.vi］

**STEP1** 制御器クラスタの作成（図 3.102）

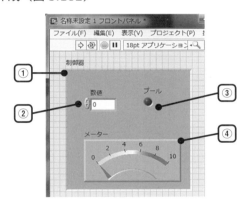

図 3.102　制御器クラスタの作成

① 制御器パレットから，［配列、行列&クラスタ］➡［クラスタ］を選択してフロントパネルに配置します．クラスタは，枠上に表示される四角形をドラッグして拡大しておきましょう．また，ラベルは，［クラスタ］から［制御器］に変更してください．
② 制御器パレットから，［数値］➡［数値制御器］を選択してクラスタ内に配置します．この操作によって，配置したクラスタは制御器となることが決まります．
③ 制御器パレットから，［ブール］➡［円 LED］を選択してクラスタ内に配置します．通常のフロントパネル内への配置ならば，円 LED は表示器として配置されます．しかし，②の操作によってクラスタの形式が制御器に決まりましたので，ここでは円 LED が制御器としてクラスタ内に配置されます．
④ 制御器パレットから，［数値］➡［メーター］を選択してクラスタ内に配置します．この操作でも，③と同様にメーターは制御器として配置されます．

## STEP2 表示器クラスタの作成（図3.103）

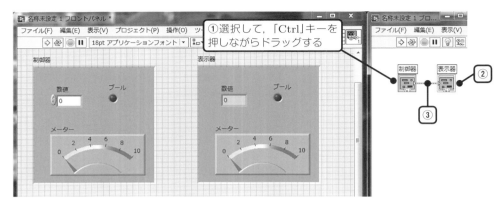

図 3.103　表示器クラスタの作成

① STEP 1 で作成した制御器クラスタのアイコンをブロックダイアグラムウィンドウで選択します．そして，キーボードの「Ctrl」キーを押しながら，適当な位置にドラッグすれば，制御器クラスタの複製を作成することができます．
② 複製した制御器クラスタのアイコン上で右クリックして表示されるメニューから，［表示器に変更］を選択して，表示器クラスタに変更します．また，ラベルを［制御器］から［表示器］に変えておきましょう．
③ 作成した制御器クラスタと表示器クラスタをワイヤで配線します．

以上で，VI は完成です．フロントパネルの制御器クラスタ内の制御器を適当に設定した後，実行ボタンをクリックして動作を確認しましょう．制御器クラスタの設定が，そのまま表示器クラスタに反映されるはずです．

### 基本事項　1 制御器と表示器

制御器はデータを出力する機能をもち，表示器は入力されたデータを表示する機能をもっています（42ページ参照）．したがって，制御器には出力端子，表示器には入力端子が付いています．図 3.104 に，制御器として垂直トグルスイッチ，表示器として円 LED を示します．これらの例は，スイッチはデータを制御する機能，LED はデータを表示する機能をもっているという通常の感覚に合致します．

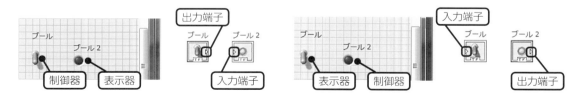

図 3.104　制御器と表示器の例　　　　　図 3.105　制御器と表示器を変更した例

一方，LabVIEW では，アイコンを右クリックして表示されるメニューから，［表示器に変更］，または［制御器に変更］を選択すれば，スイッチを表示器，LED を制御器として使用することも可能です．図 3.105 に，垂直トグルスイッチを表示器，円 LED を制御器として配置した例を示します．この場合には，垂直トグル

スイッチは入力データによってスイッチレバーの位置を変え，円LEDは操作（点灯/消灯）に応じたブール値を出力します．

　実習3.7で作成した図3.101のVI［samp3_16.vi］では，左側のメーターを制御器として使用しています．この場合には，制御器としてのメーターを操作した値が，出力値となります．そして，その出力値を，右側に作成した表示器としてのメーターで表示しています．

## 2 クラスタ内の順序変更

　クラスタを作成する場合には，配置したクラスタ内に，必要な制御器などのオブジェクトをドラッグして移動していきます．このとき，クラスタ内に移動したオブジェクトには，移動した順に番号が0，1，2，3，4，…と付けられます．そして，クラスタどうしをワイヤで配線した場合には，同じ番号どうしのオブジェクト間でデータのやり取りが行われます．つまり，オブジェクトの移動順序は重要な意味をもちます．図3.106に，見かけ上は同じオブジェクトをもつ制御器と表示器のクラスタをワイヤで配線しようとした例を示します．各クラスタは，作成するときのオブジェクトの移動順序が異なっていますので，配線を行うことができません．この例では，制御器クラスタのLED（ブール型）が表示器クラスタのノブ（倍精度型）と同じ移動順序になっていることが原因です．

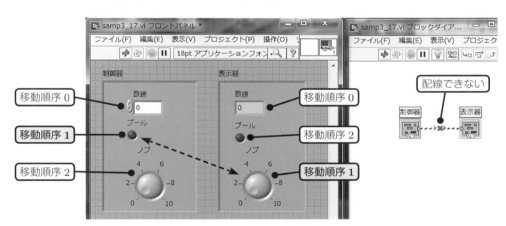

図3.106　クラスタどうしの配線ができない例［samp3_17.vi］

　クラスタ内の移動順序に関する番号は，クラスタ作成後に変更することが可能です．次に，図3.106の表示器クラスタの順序番号を変更して，制御器クラスタと配線できるようにする例を説明します．表示器クラスタの外枠上で右クリックして表示されるメニューから，［クラスタ内の制御器の並べ替え］を選択すると，図3.107に示すウィンドウが表示されます．このウィンドウでは，各表示器の順序番号が表示されています．順序番号の最初は，0から始まっていることに注意してください．表示されている順序番号は，右側の白領域が現在の設定，左側の黒領域が変更後を示しています．

　ここでは，制御器クラスタとの順序番号が一致するように，表示器の数値を0，ブールを1，ノブを2に変更します．

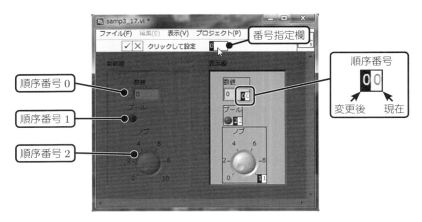

図 3.107　順序番号の変更ウィンドウ

図 3.107 において，マウスポインタの示す場所にある番号指定欄には，設定する変更後の順序番号が表示されています．現在は，0 が表示されていますので，この状態で，数値表示器をクリックします．この操作は，数値表示器にそれまで設定されていた順序番号 0 を再び設定したことになります．したがって，数値制御器と表示器の順序番号は変わりません．このとき，番号指定欄の順序番号が 1 に変化します．この状態で，ブール（円 LED）をクリックすると，ブールの順序番号が 2 から 1 に変更されます．同時に，ノブの順序番号は自動的に 1 ➡ 2 に変更されます．また，番号指定欄は，2 に変化します（図 3.108(a)）．続いて，ノブをクリックして順序番号を 2 に変更するのですが，この例では，前の操作でノブの順序番号は 2 に決まっているので，ノブの順序番号を設定する操作は省略することもできます．各表示器の順序番号の設定が終わったら，ウィンドウの ✓ ボタンをクリックして，設定を反映します．もしも，設定をキャンセルしたい場合には ✗ ボタンをクリックします．

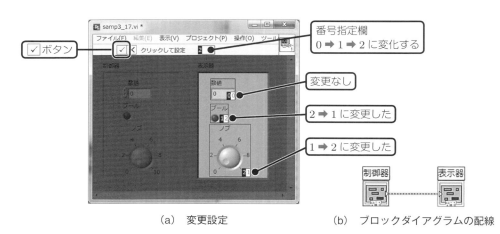

(a)　変更設定　　　　(b)　ブロックダイアグラムの配線

図 3.108　順序番号の変更

以上の操作では，番号指定欄の数値が自動的に 1 ずつ増えることを利用しましたが，キーボードから直接数値を番号指定欄に入力して，任意のオブジェクトの順序番号を変更することも可能です．

順序番号を変更した後にワイヤで配線を行うと，正しく接続することができます（図 3.108(b)）．

## 3.3.2 クラスタ関数

クラスタ関数は，図 3.109 に示すように，［関数パレット］→［クラスタ、クラス、バリアント］を選択して表示されるクラスタサブパレット内に納められています．

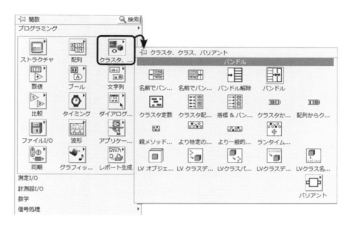

図 3.109　クラスタサブパレット

代表的なクラスタ関数には，バンドル関数，バンドル解除関数などがあります．

**❶バンドル関数**

バンドル（bundle）とは，「束，かたまり」という意味をもつ英語です．バンドル関数は，入力された複数のデータを束ねることでクラスタを作成する関数です．図 3.110(a)に示すように，配置直後のバンドル関数は，2 個の個別データ入力端子をもっていますが，図(b)のようにドラッグ操作によって個別データ入力端子数を拡張することができます．ただし，未使用の個別データ入力端子はエラーの原因となりますので，削除しておく必要があります．また，図(c)に示すように，配線をした個別データ入力端子の表示は，データ型に応じて［DBL（倍精度型）］，［TF（ブール型）］のように変化します．入力された個別データは，図(c)の上から順に順序番号が付けられ，クラスタ化されます．

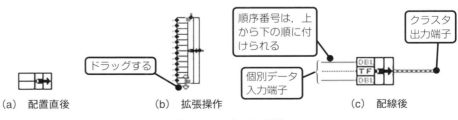

図 3.110　バンドル関数

また，バンドル関数は，既存の制御器クラスタ内のオブジェクトの使用を中止して，ほかに用意したオブジェクトを接続する場合にも使用できます．図3.111の例では，左側の制御器クラスタ内の順序番号2の数値制御器の使用を中止して，クラスタ外のノブ制御器を接続するように変更しています．ただし，変更のために接続するオブジェクトのデータ型は，個別入力データ端子のデータ型と同じでなければなりません．

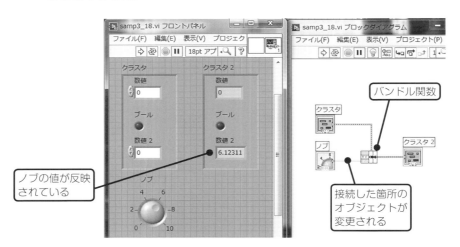

図3.111　クラスタの変更［samp3_18.vi］

❷バンドル解除関数

　バンドル解除関数は，入力された1個の制御器クラスタ内のオブジェクトを，個別のデータに分解して出力する関数です．配置直後のバンドル解除関数は，図3.112(a)に示すように，2本の個別データ出力端子をもっています．しかし，入力端子にクラスタを配線して接続すると，図(b)に示すように，クラスタ内のオブジェクトに対応した個別データ出力端子が自動的に表示されます．

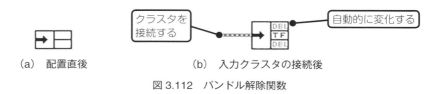

(a)　配置直後　　　　　　(b)　入力クラスタの接続後

図3.112　バンドル解除関数

　次の実習によって，クラスタ関数の使用法について確認しましょう．

## 実習 3.8　クラスタ関数

　いくつかの個別データを，バンドル関数によってクラスタ化して表示します．次に，そのクラスタをバンドル解除関数によって個別データに戻して表示するVIを作成しましょう．図3.113に，この実習を進めた場合の最終的なプログラム［samp3_19.vi］を示します．

3.3 クラスタ 103

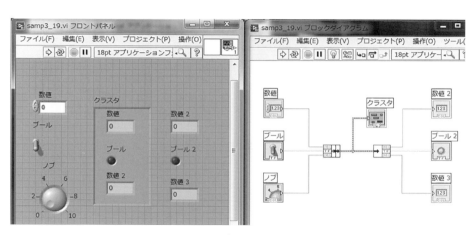

図 3.113 最終的なプログラム [samp3_19.vi]

**STEP1** バンドル関数によるクラスタ化

はじめに，図 3.114 に示すように，個別データをバンドル関数によってクラスタ化するまでのブロックダイアグラムを作成しましょう．

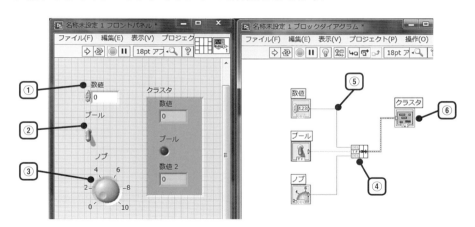

図 3.114 バンドル関数によるクラスタ化

① 制御器パレットから，[数値]→[数値制御器]を選択してフロントパネルに配置します．
② 制御器パレットから，[ブール]→[垂直トグルスイッチ]を選択してフロントパネルに配置します．
③ 制御器パレットから，[数値]→[ノブ]を選択してフロントパネルに配置します．
④ 関数パレットから，[クラスタ、クラス、バリアント]→[バンドル]関数を選択してブロックダイアグラムウィンドウに配置します．そして，バンドル関数の入力端子を 3 個に拡張しておきます．
⑤ 配置した3個の制御器それぞれの出力端子から，バンドル関数の入力端子にワイヤで配線を行います．このとき，配線を行うたびに，バンドル関数の入力端子についてのデータ型が自動的に表示されることを確認してください．

⑥ 配置したバンドル関数の右側にある出力端子上でマウスを右クリックして表示されるメニューから，[作成]➡[表示器]を選択します．この操作で，3個の個別入力データに対応するクラスタ表示器が自動的に作成されます．

### STEP2 バンドル解除関数を用いた個別データ化

次に，図3.115に示すように，バンドル解除関数を用いて，クラスタ化されたデータを個別データに戻すブロックダイアグラムを記述します．

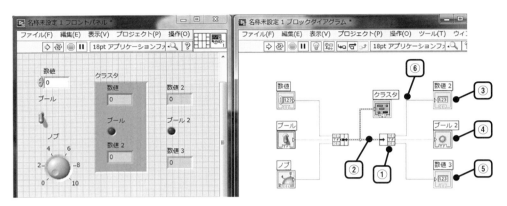

図3.115　バンドル解除関数による個別データ化

① 関数パレットから，[クラスタ、クラス、バリアント]➡[バンドル解除]関数を選択してブロックダイアグラムウィンドウに配置します．
② 配置したバンドル解除関数の入力端子とバンドル関数の出力端子をワイヤで配線します．このとき，配線を行うと，バンドル解除関数の出力端子についてのデータ型が自動的に表示されることを確認してください．
③ 制御器パレットから，[数値]➡[数値表示器]を選択してフロントパネルに配置します．
④ 制御器パレットから，[ブール]➡[円LED]を選択してフロントパネルに配置します．
⑤ 制御器パレットから，[数値]➡[数値表示器]を選択してフロントパネルに配置します．
⑥ バンドル解除関数の出力端子を配置した3個の表示器それぞれとワイヤで配線します．

上記③から⑥の操作は，バンドル解除関数の右側のそれぞれの出力端子上でマウスを右クリックして表示されるメニューから，[作成]➡[表示器]を選択することでも行えます．

以上で，実習用VIの完成です．フロントパネル左側に配置した3個の制御器に適当なデータを設定した後に，VIを実行して結果を確かめてください．

**基本事項** **1** 名前でバンドル

バンドル関数は，図 3.110 に示したように，入力された個別データを入力端子の上から下に向けて順序番号を付けてクラスタ化する関数でした．また，図 3.112 に示したように，順序番号に対応するクラスタ内のデータを変更する際にも使用することができました．

一方，ここで紹介する名前でバンドル関数は，個別データの名前を元にクラスタ内のデータを変更する関数です．この関数は，[関数パレット]➡[クラスタ、クラス、バリアント]➡[名前でバンドル] で選択することができます．図 3.116(a) に示すように，配置直後の名前でバンドル関数のアイコンは，入力端子に名前の表示がありません．

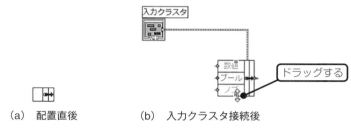

(a) 配置直後　　(b) 入力クラスタ接続後

図 3.116　名前でバンドル関数

しかし，図(b)のように，制御器クラスタを接続すると，そのクラスタデータに対応した入力端子の名前が自動的に表示されます．そして，変更したい個別データの入力端子に，新しい制御器を接続すれば，その個別データのみが変更された新しいクラスタを出力することができます．図 3.117 に，名前でバンドル関数の使用例を示します．この例では，入力クラスタのノブを数値制御器に変更しています．ただし，変更を要しない未接続の入力端子は非表示にしておかなければエラーとなりますので注意してください．図 3.117 では，バンドル関数の下の枠線部をドラッグして，数値とブールの入力端子を非表示にしています．

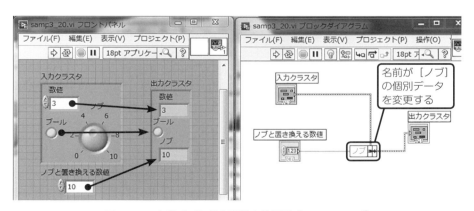

図 3.117　名前でバンドル関数の使用例［samp3_20.vi］

**2** 名前でバンドル解除

バンドル解除関数は，図 3.112 に示したように，入力されたクラスタ内の個別データを順序番号に従ってデータ型を表示して取り出す関数でした．

一方，ここで紹介する［名前でバンドル解除］関数は，クラスタ内の個別データの名前を元に取り出す関数です．この関数は，［関数パレット］➡［クラスタ、クラス、バリアント］➡［名前でバンドル解除］で選択することができます．図3.118(a)に示すように，配置直後の［名前でバンドル解除］関数のアイコンは，出力端子に名前の表示がありません．しかし，図(b)のように，制御器クラスタを接続すると，そのクラスタデータに対応した出力端子の名前が自動的に表示されます．そして，取り出したい個別データの出力端子に，新しい表示器などを接続すれば，その個別データのみを取り出すことができます．

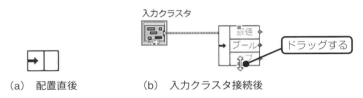

(a) 配置直後　　　(b) 入力クラスタ接続後

図3.118　名前でバンドル解除関数

図3.119に，名前でバンドル解除関数の使用例を示します．この関数では，入力クラスタ内の個別データである，円LED（ブール型）とノブ（倍精度型）を取り出しています．この場合には，取り出さない個別データの出力端子を表示してもエラーとはなりません．

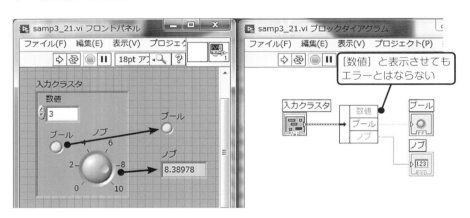

図3.119　名前でバンドル解除関数の使用例［samp3_21.vi］

### 3 クラスタにおける多態性

扱うデータに応じて関数が自動的に適切な処理を行うことを，関数の多態性（または多形性）とよぶことは，94ページで説明しました．クラスタにおいても，関数の多態性を利用することができます．図3.120に，制御器クラスタと数値制御器に対して，加算を行う和関数を使用した例を示します．この例では，入力クラスタ内のすべての個別データに2が加算されて，出力クラスタ内の表示器に表示されています．

3.3 クラスタ 107

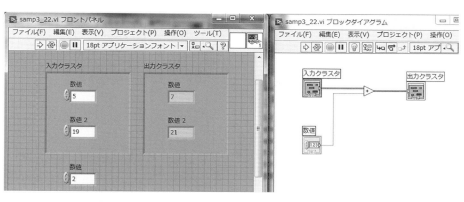

図 3.120　クラスタにおける多態性の例［samp3_22.vi］

一方，図 3.121 は，図 3.120 の入力クラスタにブール型制御器（垂直トグルスイッチ），出力クラスタに表示器（円 LED）を追加した例です．この例では，ブール型データに数値を加算することはできないために，ワイヤが接続できずエラーを生じています．

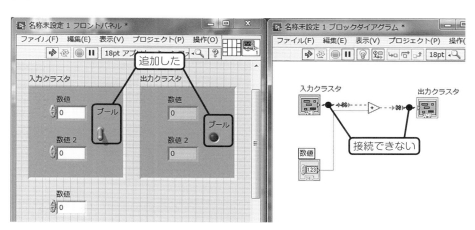

図 3.121　関数の多態性が使用できない例

## 演習問題 3

**1.** 図 3.122 に示したブロックダイアグラムを実行すると，どのような動作をするか説明しなさい．

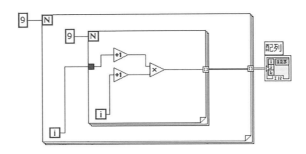

図 3.122　サンプルプログラム［samp3_23.vi］

**2.** While ループを使って，図 3.122 と同じ動作をするプログラムを作成しなさい．

**3.** 次の①〜⑤までの説明は，LabVIEW における配列とクラスタについて述べたものである．間違っているものを番号で答えなさい．
① 配列は，同じ型のデータのみをまとめることができる．
② クラスタは，異なる型のデータであってもまとめることができる．
③ 配列で，波形チャートや波形グラフは扱えない．
④ クラスタで，波形チャートや波形グラフは扱えない．
⑤ クラスタの中にクラスタを配置することができる．

**4.** 図 3.123 の 2 個のブロックダイアグラムについて，動作の違いを説明しなさい．

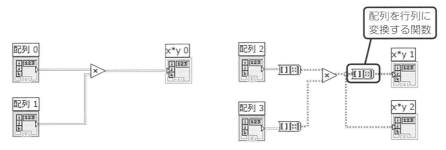

図 3.123　サンプルプログラム［samp3_25.vi］

# 第 4 章

# LabVIEW のサブ VI とファイル処理

　第 3 章では，LabVIEW の基礎として，ストラクチャ，配列，クラスタなどについて説明しました．実習によって動作を確認しながら学習を進めてきたために，LabVIEW プログラミングや操作法についてだいぶ慣れてきたことでしょう．この章では，サブ VI とファイルの扱い方について解説します．この章においても，できるだけ多くの実習を行いながら，LabVIEW の基礎に関する理解を深めてください．

## 4.1 サブVI

VIの中からよび出して使用することのできるほかのVIを，サブVIとよびます．これは，C言語やJavaの関数に似ています．サブVIを使用することで，ある機能をブラックボックス化してブロックダイアグラムを簡略化することができます．また，プログラムをモジュール構造にすることができるので，デバッグしやすくなるなどの利点が生じます．ここでは，サブVIの作成法と使用法について実習しましょう．

### 4.1.1 2種類のサブVI

サブVIを作成する方法には，次の2種類があります．
(a) あるVIのブロックダイアグラム全体をサブVIとする（図4.1(a)）
(b) あるVIのブロックダイアグラムの一部をサブVIとする（図(b)）

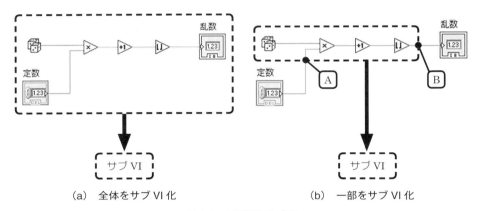

(a) 全体をサブVI化　　(b) 一部をサブVI化
図4.1　2種類のサブVI

VI全体をサブVI化する場合には，サブVIの入力端子や出力端子についての定義をする作業が必要になります．一方，VIの一部をサブVI化する場合には，サブVI化するために指定する領域で切り取られるワイヤの性質によって，自動的に入力端子や出力端子が決まります．たとえば，図4.1(b)では，点Aが入力端子，点Bが出力端子となります．このため，VIの一部をサブVI化する場合のほうが，VI全体をサブVI化する場合よりも，操作手順は簡単になります．

以降の実習によって，2種類のサブVIを作成する方法や，作成したサブVIの使用法について学びましょう．

### 4.1.2 VI全体をサブVIとする方法

**実習 4.1　VI全体のサブVI化**

図4.1(a)に示したブロックダイアグラムを実行すると，定数に設定した値（1

以上の整数）までのランダムな整数を表示します．このブロックダイアグラム全体をサブVIにする手順を実習しましょう．図4.2に，この実習によって作成したサブVIを使用したプログラム［samp4_1.vi］を示します．

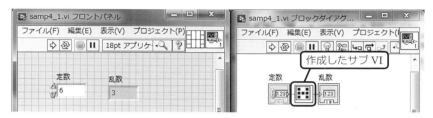

図4.2　作成したサブVIを使用したプログラム［samp4_1.vi］

**STEP1** 乱数を生成するブロックダイアグラムの作成（図4.3）

　このブロックダイアグラムの記述や動作については，48ページから51ページ（図3.5から図3.9）のサイコロ部を参照してください．

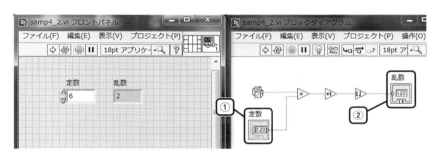

図4.3　乱数を生成するブロックダイアグラム［samp4_2.vi］

① 51ページ図3.9に示したブロックダイアグラムにおいて，積関数の入力端子に接続している定数6を削除して，数値制御器に変更します．配置した数値制御器のラベルを［定数］に変更します．
② 図3.9に示したブロックダイアグラムにおいて，切り下げ整数化関数の出力端子に接続している数値表示器のラベルを［サイコロ］から［乱数］に変更します．

　用意ができましたら，図4.3に示した乱数を生成するブロックダイアグラム全体をサブVI化しましょう．ここでのサブVI化は，次のSTEP 2からSTEP 4の手順で行います．

　　STEP 2：アイコンの作成
　　STEP 3：入出力端子（コネクタ）の割り当て
　　STEP 4：プロパティの設定

**STEP2** アイニンの作成

　図4.4 ❶に示す領域をアイコンペーンとよびます．アイコンペーンには，そのVIのアイコンが表示されており，アイコンの右下に表示されている数字は，デフォルトでVIの連番を示しています．VIのアイコンの初期設定は，測定器の絵です．このアイコンは，VIの中でサブVIを表すために使用するものであり，保存時にオペレーティングシステムのフォルダに表示されるアイコンとは必ずしも一致しません．

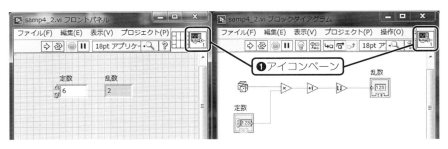

図 4.4　アイコンペーン

アイコンペーンに表示されている VI のアイコンは，次に説明するアイコンエディタを使って編集することができます．サブ VI を作成する場合には，その機能がわかりやすいようなアイコンに変更しておくと便利です．アイコンペーンを右クリックして表示されるメニューから，［アイコンを編集］を選択すると，図 4.5 に示すようなアイコンエディタが起動します．アイコンエディタでは，右側に置かれている各種の編集ツールを使用して，現在のアイコンを編集できるようになっています．

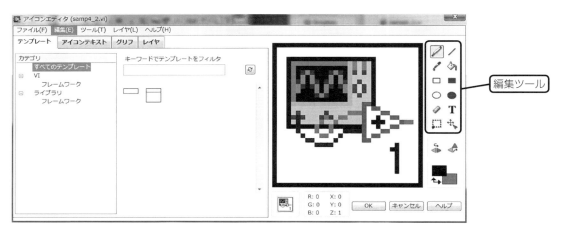

図 4.5　アイコンエディタの起動

ここでは，乱数をイメージしやすいように，サイコロの絵をアイコンとして登録することにします．図 4.6 に，編集ツールの名称を示します．これらの編集ツールを使用して，アイコンをサイコロの絵に書き換えます．

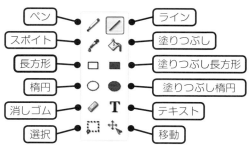

図 4.6　編集ツールの名称

### ▶▶▶サイコロアイコンの作成

① 編集ツールから，選択ツールを選択して，ドラッグによって現在のアイコン画像の範囲を指定します（図 4.7）．

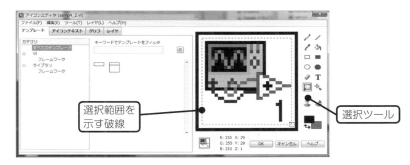

図 4.7　現在のアイコン画像を指定

②「Del」キーを押して，指定していた範囲の画像を消去します．全画像を消去する操作は，メニューバーの［編集］➡［すべてをクリア］を選択することで行えますが，この場合には，外枠の四角形も消去されます．

③ ペンツールや消しゴムツールなどを使用して，たとえば図 4.8 に示すサイコロの絵を描きます．

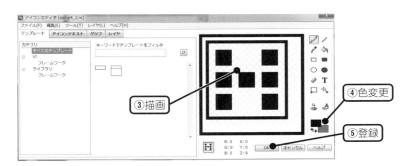

図 4.8　サイコロアイコンの作成例

④ 描かれる色は，ラインカラーと塗りつぶしカラーの部分で指定できます．
⑤ ［OK］ボタンをクリックして，作成したアイコンを登録します．

アイコンを登録すると，図 4.9 に示すように，アイコンペーンに登録したアイコンが表示されます．

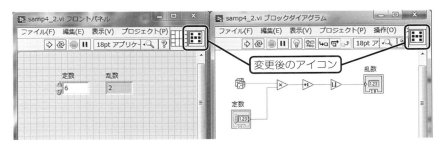

図 4.9　アイコンを変更した VI

### STEP3 入出力端子（コネクタ）の割り当て

サブVIとして使用する場合の入力端子と出力端子の割り当てを行います．図4.10のフロントパネルの❶に示す領域をコネクタペーンとよびます．コネクタペーンを右クリックして表示されるメニューから，［パターン］を選択すると，36個のコネクタパターン一覧が表示されます．

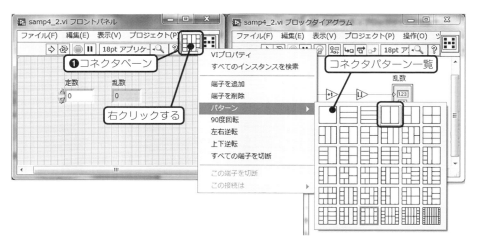

図4.10　コネクタパターン一覧の表示

これらのコネクタパターンは，サブVIの入力端子と出力端子の割り当ての雛形として使用できます．ここでは，入力端子1個を出力端子1個として割り当てを行いますので，図4.10において囲みで示したコネクタパターンを選択します．選択したコネクタパターンは，コネクタペーンに表示されます（図4.11）．

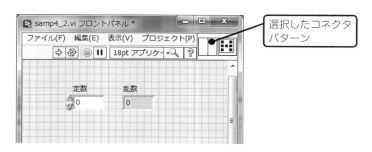

図4.11　端子が2個のコネクタパターンを選択

一般的には，コネクタパターンの左側を入力端子，右側を出力端子に割り当てましょう．このようにわかりやすいルールにもとづいてプログラミングを行うことは，トラブルの軽減につながります．

それでは，選択したコネクタパターンの左側を数値制御器（定数），右側を数値表示器（乱数）に割り当てましょう．はじめに，入力端子を割り当てます．コネクタパターンの左側にマウスポインタを移動すると，ポインタの形状が糸巻きに替わります．その状態で，コネクタパターンの左側をクリックします（図4.12(a)）．次に，糸巻きポインタを数値制御器（定数）上に移動してクリックします（図(b)）．これで，入力端子の割り当てができました．

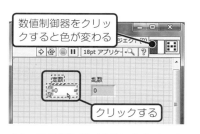

(a) コネクタパターンの左側をクリック　　(b) 数値制御器（定数）をクリック

図 4.12　入力端子の割り当て

次に，出力端子の割り当てを行います．コネクタパターンの右側にマウスポインタを移動すると，ポインタの形状が糸巻きに変わります．その状態で，コネクタパターンの右側をクリックします（図 4.13(a)）．次に，糸巻きポインタを数値表示器（乱数）上に移動してクリックします（図(b)）．これで，出力端子の割り当てができました．

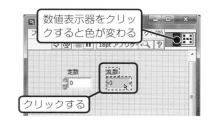

(a) コネクタパターンの右側をクリック　　(b) 数値表示器（乱数）をクリック

図 4.13　出力端子の割り当て

**STEP4** プロパティの設定

サブ VI を使用するときに，その機能などに関するコメントを表示させることができます．メニューバーの［ファイル］から，［VI プロパティ］を選択すると，図 4.14 に示すウィンドウが表示されます．このウィンドウのカテゴリで［ドキュメント］を選択すれば，［VI の説明］が入力できるようになります．ここで，入力した VI の説明（コメント）は，サブ VI を使用したブロックダイアグラムにおいて，サブ VI 上にマウスポインタを合わせたときにヘルプ画面に表示されます．

図 4.14　VI の説明（コメント）を入力する

作成した VI をファイル名［samp4_3.vi］として保存します．これで，このファイルをサブ VI として使用できるようにする作業は終わりました．次に，サブ VI の使い方について実習しましょう．

### STEP5 サブ VI の使い方

スタートアップウィンドウから，ブランク VI を選択して新規 VI を作成します．図 4.15 に示すように，［関数パレット］の下に表示されているメニューから，［VI を選択］を選びます．

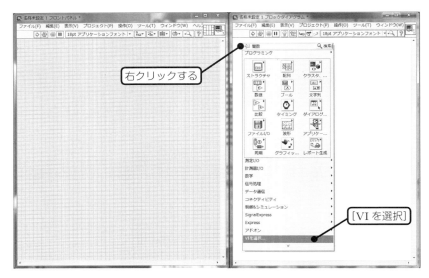

図 4.15　［VI を選択］を選ぶ

すると，図 4.16 に示す開く VI を選択ウィンドウが表示されますので，先ほど作成した［samp4_3.vi］を指定して［OK］ボタンをクリックします．

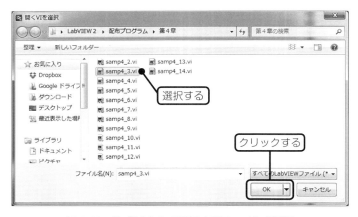

図 4.16　サブ VI として使用するファイルを選択

図 4.17　登録アイコンの配置

図 4.8 で編集した［samp4_3.vi］の登録アイコンが現れますので，ブロックダイアグラムウィンドウ上の適当な場所に配置します（図 4.17）．サブ VI は，以上のようによび出して配置することができます．

配置したサブ VI の左側の入力端子上で右クリックして表示されるメニューか

ら，［作成］→［制御器］を選択して制御器を配置します．同様に，配置したサブVI の右側の入力端子上で右クリックして表示されるメニューから，［作成］→［表示器］を選択して表示器を配置します．以上で，図 4.2 に示した［samp4_1.vi］が完成しました．

メニューバーの［ヘルプ］から［詳細ヘルプを表示］を選択して，ヘルプウィンドウを表示した状態でマウスポインタをサブ VI 上に移動すると，図 4.18 に示すように，STEP 4 で入力したコメントが表示されます．また，サブ VI のアイコンをダブルクリックすれば，そのサブ VI のフロントパネルが表示されます．

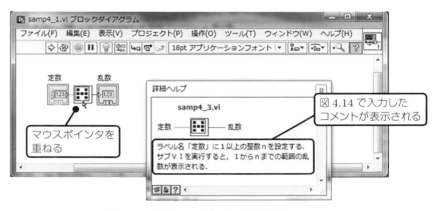

図 4.18　詳細ヘルプウィンドウの表示

### 基本事項　1　コネクタ端子の指定

サブ VI の配線忘れを防ぐために，サブ VI の入出力端子には，次の属性を指定できます．

- 必須：配線を行わないと実行できない
- 推奨：配線を行わなくても実行できるが，エラーリストに警告メッセージが表示される
- 任意：配線を行わなくても実行できる

この指定は，サブ VI を作成する際にフロントパネルのコネクタペーンで行います（図 4.10）．図 4.19 に示すように，コネクタペーン上の指定したいコネクタ端子上で右クリックして表示されるメニューから，［この接続は］を選択して，属性を指定します．

図 4.19　コネクタ端子の属性指定

### 2 階層ウィンドウ

サブVIを用いると，ブロックダイアグラムをモジュール化できることは110ページで説明しました．規模の大きなブロックダイアグラムでは，モジュールを階層構造にすることで，ブロックダイアグラムをより簡潔に記述することが可能となります．モジュールの階層構造とは，サブVIからほかのサブVIをよび出すなどの階層的な制御構造のことを意味します．

モジュールを階層構造にした場合，あるサブVIが階層構造のどこに位置しているのかを確認できると便利です．LabVIEWでは，次の操作でサブVIの位置や依存関係を表示することができます．図4.2に示した［samp4_1.vi］のブロックダイアグラムにおいて，乱数生成サブVI（サイコロのアイコン）上で右クリックして表示されるメニューから，［VI階層を表示］を選択します．すると，図4.20に示すVI階層ウィンドウが表示されます．

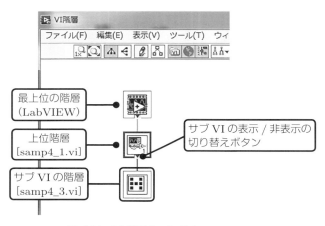

図4.20　VI階層ウィンドウ

VI階層ウィンドウが表示されている状態で，キーボードから文字列を入力すると，該当する名前のサブVIを検索することができます．

### 3 サブVIの変更

サブVIを表示して，何らかの変更作業を行った場合には，パソコンのメモリ上のサブVIが変更後のデータを反映します．したがって，LabVIEWを継続して起動していれば，たとえそのサブVIを保存しなくても変更した内容がそのサブVIをよび出すVIに影響を与えます．

### 4 オブジェクトのコメント

サブVIにコメントを加える方法は，図4.14で説明しました．一方，フロントパネルやブロックダイアグラムウィンドウに配置したオブジェクトにもコメントを加えることが可能です．コメントを加えたいオブジェクト上で右クリックして表示されるメニューから，［説明とヒント］を選択します．図4.21に示す説明とヒントウィンドウが表示されますので，必要な文章を入力しておけば，このオブジェクトにマウスポインタを重ねた際に，詳細ヘルプウィンドウにコメントが表示されます．

図 4.21　説明とヒントウィンドウ

## 4.1.3　VI の一部をサブ VI とする方法

### 実習 4.2　VI の一部のサブ VI 化

図 4.22 は，定数に設定した値（1 以上の整数）までのランダムな整数を表示するブロックダイアグラムです．ここでは，このブロックダイアグラム（VI）の一部をサブ VI にする手順を実習しましょう．

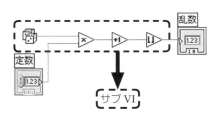

図 4.22　乱数生成 VI の一部をサブ VI 化する

#### STEP1　サブ VI 化

111 ページ図 4.3 に示した，乱数を生成するブロックダイアグラム［samp4_2.vi］をよび出します．図 4.22 に破線で示した，サブ VI 化したい範囲をドラッグ操作で選択します（図 4.23）．図 4.24 に示すように，ブロックダイアグラムウィンドウのメニューバーから，［編集］→［選択範囲をサブ VI に変換］を選択します．

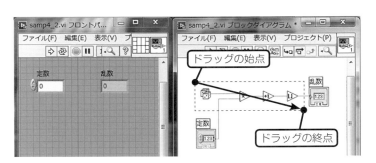

図 4.23　サブ VI 化したい範囲を選択

図 4.24　［選択範囲をサブ VI に変換］を選択

すると，図 4.25 に示すように，選択した範囲がただちにサブ VI に変換されます．

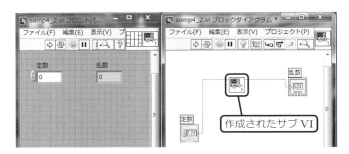

図 4.25　ブロックダイアグラムの一部をサブ VI 化

#### STEP2 アイコンの編集

図 4.25 において，作成したサブ VI のアイコンをダブルクリックすると，名称未設定 1（サブ VI）となったサブ VI のフロントパネルが表示されます．図 4.26 に，この名称未設定 1（サブ VI）のフロントパネルとブロックダイアグラムウィンドウを表示した例を示します．

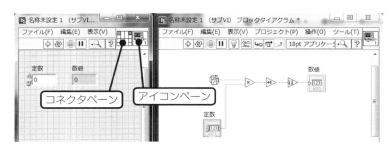

図 4.26　作成したサブ VI のウィンドウを並べて表示（後に［samp4_4.vi］として保存する）

図 4.26 のアイコンペーンを右クリックして表示されるメニューから，［アイコンを編集］を選択すれば，アイコンエディタを起動することができます（112 ページ図 4.5，4.6）．図 4.27 に，アイコンエディタを用いて，アイコンに「サイコロ」

図 4.27　アイコンエディタ

という文字を加筆した例を示します.

アイコンエディタの［OK］ボタンをクリックすれば，編集内容がアイコンに反映されます（図 4.28）. ブロックダイアグラムの一部をサブ VI 化する場合には，入出力端子（コネクタ）の設定が自動的に行われます. たとえば，図 4.26 のコネクタペーンで色の付いている部分が使用されている入出力端子（コネクタ）です. 作成した図 4.26 のサブ VI［名称未設定 1（サブ VI）］を［samp4_4.vi］, 図 4.28 の元［samp4_2.vi］VI を［samp4_5.vi］として保存しておきましょう.

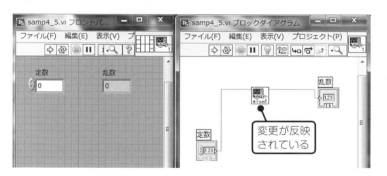

図 4.28　サブ VI のアイコン編集後［samp4_5.vi］

作成したサブ VI［samp4_4.vi］は，116 ページ図 4.15 で説明した方法によって，ほかの VI からよび出して使用することができます.

**基本事項**　**1 入出力端子の自動設定** ......................................................................

VI の一部をサブ VI 化する操作では，ワイヤを切り取らない場合であっても，入出力端子についての設定が自動的に行われます. たとえば，図 4.29 において，ブロックダイアグラムのすべてを選択した後に，ブロックダイアグラムウィンドウのメニューバーから，［編集］➡［選択範囲をサブ VI に変換］を選択します. すると，入力端子（数値制御器）と出力端子（数値表示器）が自動的に設定されますので，図 4.30 に示す画面が表示されます. 図 4.30 は，図 4.25 と同じです. つまり，図 4.23 に示したブロックダイアグラムの一部を選択してサブ VI 化したのと同じ結果が得られます.

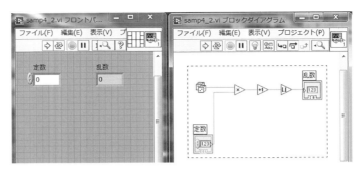

図4.29　ブロックダイアグラムすべてを選択

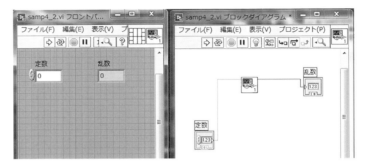

図4.30　サブVI化後のウィンドウ

### 2 サブVIをノードとして表示する

サブVIをノードとして表示することで，入出力端子をよりはっきりと表示させることができます．図4.28において，サブVIを右クリックして表示されるメニューの［アイコンとして表示］を選択することで，先頭についているチェックを外します（図4.31）．

図4.31　［アイコンとして表示］についているチェックを外す

すると，サブ VI のアイコンが図 4.32(a)に示すように変化します．この図に示した下矢印の部分をドラッグすれば，図(b)に示すように入出力端子が名称とともに表示されます．

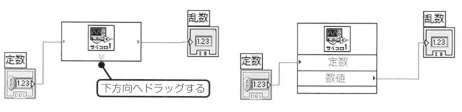

(a) アイコンが変化する　　　　　　(b) 入出力端子名を表示

図 4.32 アイコンをノードとして表示

### 3 Express VI

LabVIEW の機能の 1 つに Express VI があります．これまでの実習でいくつかの関数を使用してきましたが，Express VI は関数より使い勝手のよい操作で利用することのできる機能です．関数と Express VI は，アイコンによって区別することができます．図 4.33 に示すように，Express VI は，水色の背景にアイコンが描かれています．

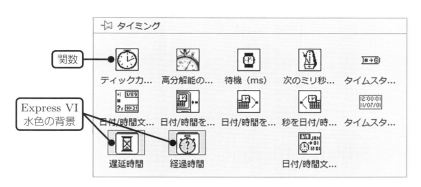

図 4.33 関数と Express VI の例

たとえば，図 4.33（[関数]➡[タイミング]）にある，待機（ms）関数を使用する場合には，配置後に数値制御器を作成してから，待機時間を設定する必要がありました（図 4.34）．

図 4.34 待機（ms）関数の使用例

一方，同じタイミングサブパレットに用意されている遅延時間 Express VI を選択すれば，配置と同時に図 4.35 右に示す遅延時間構成ウィンドウが表示されます．このウィンドウに遅延時間を入力して［OK］ボタンをクリックすれば，任意の遅延時間を設定することができます．

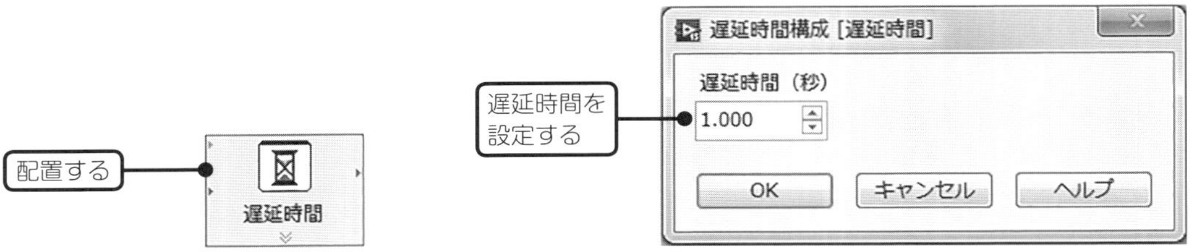

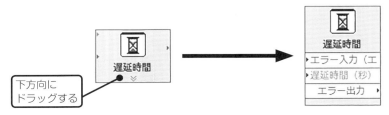

図 4.35　遅延時間構成ウィンドウ

このように Express VI は，各種設定用のウィンドウが用意されているため，簡単に使用できます．設定後の Express VI のアイコンをダブルクリックすれば，再び設定ウィンドウが表示されます．

Express VI は，図 4.36 に示すように，入出力端子名を表示させて配置することも可能です．これは，図 4.32 に示したサブ VI と同様です．

図 4.36　Express VI のアイコン表示

## 4.2 ファイル

LabVIEW を用いて得た計測データなどをファイルとして保存しておき，必要なときにそのファイルを読み取ることができれば便利です．また，MS-Excel（エクセル）などの表計算ソフトウェア（スプレッドシート）とデータを共有して各種の処理を行いたい場合も多くあります．ここでは，表計算ソフトウェアのデータ形式を使用した，ファイルの書込み法と読取り法の基礎について説明します．

### 4.2.1 ファイルの書込み法

LabVIEW には，多くのファイル I/O（インプット / アウトプット）用の関数や VI が用意されています．これらの機能は，❶中級ファイル I/O 関数，❷上級ファイル I/O 関数，❸簡易ファイル I/O VI，❹ファイル I/O Express VI の 4 種類に大別することができます（図 4.37）．

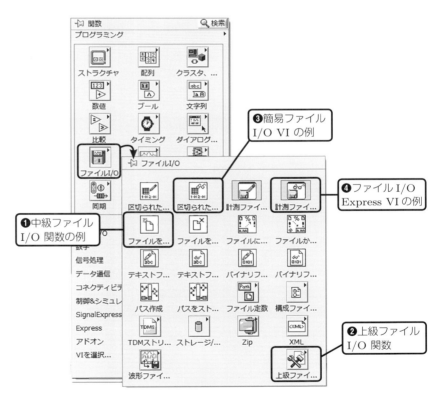

図 4.37　ファイル I/O

ファイル処理の手順は，図 4.38 に示すように，①ファイルを開く，②書込みまたは読取り，③ファイルを閉じる，の 3 ステップが基本となります．

図 4.38　ファイル処理の基本手順

中級・上級ファイル I/O 関数を使用すれば，上記の手順をブロックダイアグラムとして記述することができます．一方，簡易ファイル I/O VI やファイル I/O Express VI を使用すれば，ファイルを開く，ファイルを閉じるなどの処理の記述を省略することができるため，より簡単にファイル処理を行うことが可能です．

## 実習 4.3　表計算ソフトウェアのデータ形式による書込み

乱数 (0-1) 関数を使用して生成した 10 個の乱数を，表計算ソフトウェアのデータ形式でファイルに書き込む VI を作成しましょう．図 4.39 に，完成した VI [samp4_6.vi] のブロックダイアグラムなどを示します．

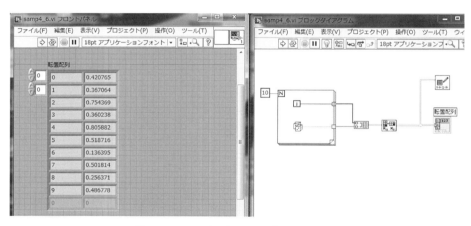

図 4.39　ファイル書込み VI [samp4_6.vi]

図 4.39 では，簡易ファイル I/O VI を使用してブロックダイアグラムを記述しました．LabVIEW の基本操作にはだいぶ慣れてきたことでしょうから，ここでは，新しく使用する関数や VI を主体にした説明を行います．

**STEP1** ファイル書込み VI の作成（図 4.40）

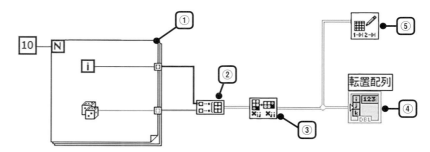

図 4.40　ファイル書込み VI［samp4_6.vi］のブロックダイアグラム

① For ループを配置して，繰り返し回数を 10 回に設定します．また，［関数］➡［数値］から，乱数(0-1)関数を配置します．
②［関数］➡［配列］から，配列連結追加関数を選択して配置します．この関数の下部をドラッグして，入力を 2 端子とし，For ループの中のノードと配線します．
③［関数］➡［配列］から，2D 配列転置関数を配置します．この関数は，配列の行と列を入れ替えるはたらきをします．
④ 上記③で配置した，2D 配列転置関数の右側出力端子上で右クリックして表示されるメニューから，［作成］➡［表示器］を選択して配置します．この表示器は，ファイルに書き込むデータの確認用です．
⑤［関数］➡［ファイル I/O］から，［区切られたスプレッドシートに書き込む］VI を選択して配置します．この VI は，表計算ソフトウェアのデータ形式でファイル書き込みを行うための簡易ファイル I/O VI です．この関数の 2D データ入力端子から単精度浮動小数に変換関数の出力端子を配線します．

以上で VI は完成です．

**STEP2** VI の実行

VI を実行すると，図 4.41 に示す書き込むファイルを選択ウィンドウが表示されます．ファイルの保存場所とファイル名を入力して，［OK］ボタンをクリックすると，ファイルが作成されてデータの書込みが行われます．図 4.41 では，ファイル名を［ran_num］としました．

作成したファイルを確認してみましょう．図 4.42 に，MS-Excel を起動して，ファイル［ran_num］を開いた画面を示します．乱数データは，本書と異なっていて当然ですので，驚かないでください．作成したファイルは，Windows に付属のワードパッドなどでも読み取ることができます．

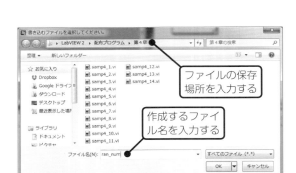

図 4.41　書き込むファイルを選択ウィンドウ

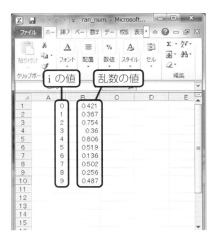

図 4.42　書込みデータの確認（MS-Excel）

### 基本事項

#### ❶ 書込み形式

実習 4.3 では，乱数の値を小数点以下第 3 位まで使用する形式でファイルへの書込みを行いました（図 4.42）．これは，区切られたスプレッドシートに書き込む VI の初期設定にもとづく形式です．図 4.43 に示すように，区切られたスプレッドシートに書き込む VI の上部にある形式入力端子を右クリックして［作成］➡［定数］を選択して配置することで，任意の形式で書込みを行うことができます．形式「%.3f」は小数点以下第 3 位まで，形式「%.5f」は小数点以下第 5 位までの書込みとなります．

図 4.43　書込み形式の指定

#### ❷ ファイルパス

実習で作成した VI［samp4_6.vi］を実行すると，図 4.41 に示した書き込むファイルを選択ウィンドウが表示されました．これは，区切られたスプレッドシートに書き込む VI の初期設定にもとづきます．図 4.44(a)に示すように，区切られたスプレッドシートに書き込む VI の左上部にあるファイルパス入力端子に制御器を作成して，図 4.44(b)の例のように任意のファイル名とそのパス（ディレクトリ）を記述しておけば，ただちに指定ファイルに書込みを行うことができます．

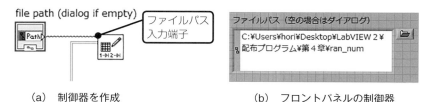

(a)　制御器を作成　　　　　　　　(b)　フロントパネルの制御器

図 4.44　ファイルパスの指定

### 3 表計算ソフトウェアのデータ形式

表計算ソフトウェアのデータ形式は，図 4.45 のようになっています．同じ行中のデータをタブで区切り，改行は復帰改行で設定します．

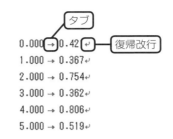

図 4.45　表計算ソフトウェアのデータ形式

実習 4.3 で使用した，区切られたスプレッドシートに書き込む VI では，自動的に図 4.45 のデータ形式による書込みが行われます．一方，中級ファイル I/O 関数を使用して，表計算ソフトウェアのデータ形式で書込みを行うブロックダイアグラムを図 4.46 に示しますので，参考にしてください．この VI では，繰り返し回数 i と乱数の数値型データを文字型データに変換した後に，ファイルにフォーマット関数を用いて書込みを行っています．書込み形式は，タブ定数と復帰改行定数を用いて，表計算ソフトウェアのデータ形式に合わせています．また，ファイルの開閉やエラー処理についても，専用関数を用いて対応しています．

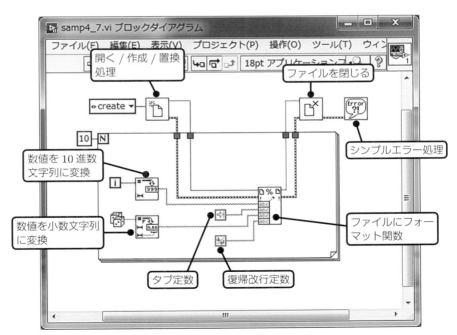

図 4.46　中級ファイル I/O 関数を使用した VI［samp4_7.vi］

## 4.2.2 ファイルの読取り法

ここでは，ファイルからデータを読み取るVIを作成する実習を行います．

### 実習 4.4 表計算ソフトウェアのデータ形式による読取り

実習4.3で作成した表計算ソフトウェアのデータ形式ファイル（ran_num）を読み取って表示するVIを作成しましょう．図4.47に，完成したVI［samp4_8.vi］のブロックダイアグラムを示します．

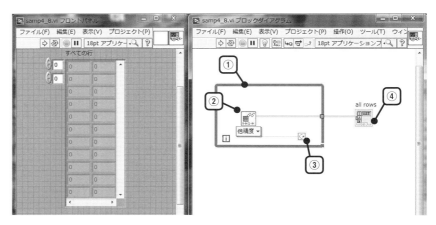

図 4.47 ファイル読取り VI ［samp4_8.vi］

**STEP1** ファイル読取り VI の作成（図 4.47）

① While ループを配置します．
②［関数］➡［ファイル I/O］から，［区切られたスプレッドシートを読み取る］VI を選択して配置します．この VI は，ファイルから表計算ソフトウェアのデータ形式で読取りを行うための簡易ファイル I/O VI です．扱うデータの形式は，このアイコンの下に表示されている多態性セレクタで指定できます．ここでは，倍精度を指定しておきます．
③ ループ条件アイコンを右クリックして表示されるメニューから，［TRUE の場合継続］を選択します．そして，区切られたスプレッドシートから読み取る VI の下の右側にある出力端子［EOF?］とワイヤで配線します．この出力端子は，ファイル内のデータの終わりを知らせるはたらきをします．
④ 配置してある区切られたスプレッドシートを読み取る VI の右上にある出力端子［すべての行］上で右クリックして表示されるメニューから，［作成］➡［表示器］を選択して配置します．配置した表示器は，While ループの外に移動して，区切られたスプレッドシートを読み取る VI の右上にある出力端子［すべての行］とワイヤで配線します．また，表示器の形式を図4.47のフロントパネルに示すように変更しておきます．

以上で VI は完成です．

### STEP2 VIの実行

VIを実行すると，読み取るファイルを選択ウィンドウが表示されますので，ファイルの保存場所とファイル名「ran_num」を入力して，[OK]ボタンをクリックします．すると，実習4.3で作成した表計算ソフトウェアのデータ形式ファイルの内容が表示されます（図4.48）.

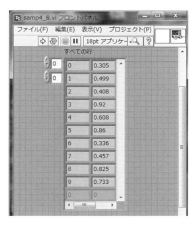

図 4.48 ファイル読取り VI [samp4_8.vi] の実行結果

### 基本事項 ■ ファイルのデータ形式

ファイルは，扱うデータ形式により，テキストファイルとバイナリファイルに大別されます．

- **テキストファイル**：ワードプロセッサやエディタなどで読み書きの可能な形式であるため，扱いが容易です．
- **バイナリファイル**：ファイルデータを2進数として扱うため，大量のデータを高速に処理できます．

LabVIEWには，それぞれのデータ形式を扱うことのできる関数が用意されています（図4.49）．これまでの実習では，テキストファイルを扱ってきました．各自で応用プログラムを作成する場合には，用途に応じて2種類のデータ形式を使い分けてください．

(a) テキストファイル用関数　　(b) バイナリファイル用関数

図 4.49 ファイル処理関数の例

### ② 中級ファイル I/O 関数を使用した VI

実習4.4で使用した区切られたスプレッドシートを読み取るVIでは，自動的に表計算ソフトウェアのデータ形式でデータの読取りが行われます．一方，中級ファイルI/O関数を使用したブロックダイアグラムを図4.50に示しますので，参考にしてください．図4.46の書込みVIと比較しながら理解を深めてください．

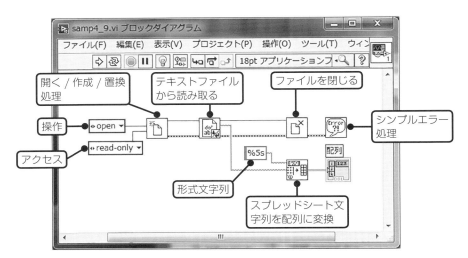

図 4.50　中級ファイル I/O 関数を使用した VI［samp4_9.vi］

## 演習問題 4

1. 図4.51は，RC微分回路とよばれる．図4.52は，この回路で生じる過渡現象をグラフに表示するVIである．ブロックダイアグラムの一部をサブVIとして，図4.53に示すVIを作成しなさい．ただし，サブVIは，[samp4_11.vi]として保存すること．また，RC微分回路の$t$秒後の出力電圧$v_R$は，式(4.1)で計算することができる．$e$は，自然対数の底（約2.718）である．

$$v_R = v_i e^{-\frac{t}{RC}} \tag{4.1}$$

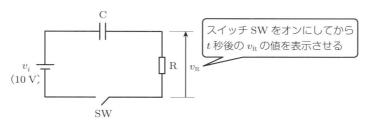

図4.51　RC微分回路

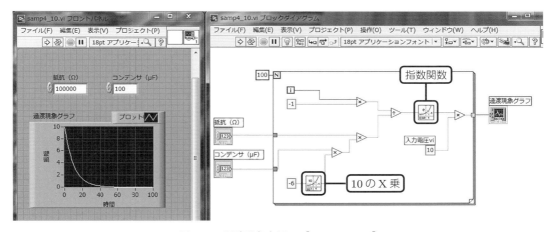

図4.52　過渡現象表示VI [samp4_10.vi]

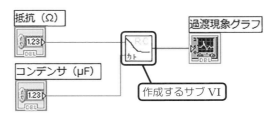

図4.53　一部をサブVI化 [samp4_12.vi]

**2．** 図4.52に示した過渡現象表示VIの計算結果を表計算ソフトウェアのデータ形式でファイルに保存するVI［samp4_13.vi］（図4.54）を作成しなさい．

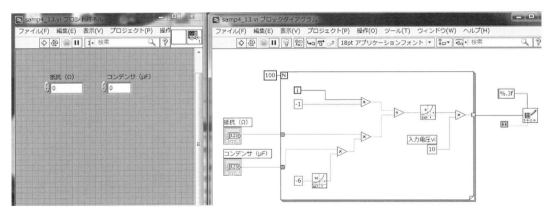

図4.54　ファイル書込みVI［samp4_13.vi］

**3．** 問題2で作成したファイルを読み取って表示するVI［samp4_14.vi］（図4.55）を作成しなさい．

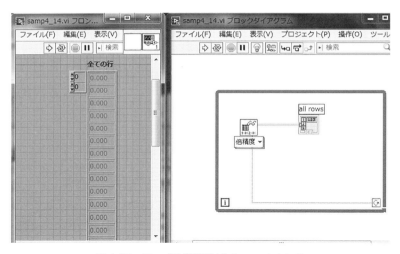

図4.55　ファイル読取りVI［samp4_14.vi］

# 第 5 章

# LabVIEW を用いた計測制御

　これまで，LabVIEW を用いたプログラミングの方法について説明してきました．実習を行うことによって，基本的な操作方法は修得できたことでしょう．この章では，LabVIEW を用いた計測制御について実習します．パソコンに装着した DAQ デバイスを介して，パソコン外部からデータを取り込み，LabVIEW で計測する手順を理解してください．また，GPIB による計測器の制御および，画像を処理するためのソフトウェアである NI Vision 開発モジュールなどについても使用例を紹介します．

## 5.1 データ集録

ここでは，パソコンにDAQデバイスを装着し，外部からのデータを入力して処理する手順を実習しましょう．本書では，パソコンのUSBポートに接続するDAQデバイスを使用した例を示しますが，各自の目的に応じて適切なDAQデバイスを選択してください．表5.1に，この章で使用した主な製品を示します．

表 5.1　この章で使用した主な製品

| 節 | 名称 | 型番 | 入手先など |
|---|---|---|---|
| 全節 | LabVIEW<br>NI MAX | 2015 開発システム<br>Ver.15.0 LabVIEWに付属 | NI |
| 5.1 | データ集録（DAQ）デバイス | USB-6008<br>myDAQ<br>USB-6218<br>ELVIS | NI |
| | 電源装置 | 直流出力±15 V | 実習5.3でUSB-6218を使用する場合は必要 |
| | 太陽電池モジュール　1 V 250 mA | ETM250-1V | 秋月電子通商 |
| | オペアンプ | NJM4580 | 新日本無線 |
| | ブレッドボード | SRH-32 | サンハヤト |
| 5.2 | GPIBデバイス<br>ディジタルオシロスコープ<br>GPIBインタフェース<br>計測器ドライバソフトウェア | GPIB-USB-HS<br>DSO3062A<br>N2861A<br>DSO3062A用 | NI<br>Agilent Technologies<br>NI |
| 5.3 | NI Vision 開発モジュール<br>デバイスドライバ<br>USBカメラ | 2015 評価版<br>NI-IMAQdx Ver.15.0<br>C270 | NI<br>Logicool |

### 5.1.1　DAQデバイスの設定

NI社は，各種のDAQデバイスを用意しています（5ページ図1.5参照）．表5.2に，いくつかのUSBインタフェースのマルチファンクションDAQデバイスの主な特徴を示します．たとえば，図5.1に示すUSB-6008は低コストのDAQデバイスであり，8個のアナログ入力（12ビット，10 kS/s），2個の静的アナログ出力（12ビット），12個のディジタルI/O，32ビットカウンタ，ネジ留め式端子台などを備えています．電源は，USBのバスパワーで動作します．しかし，USB-6008は，

表 5.2　マルチファンクションDAQデバイスの主な特徴

| 型番 | バス | アナログ入力[個] | アナログ入力分解能[ビット] | 最大入力レート[kS/s] | アナログ出力[個] | アナログ出力分解能[ビット] | ディジタルI/O[個] | ディジタルI/O論理レベル | カウンタ[ビット] |
|---|---|---|---|---|---|---|---|---|---|
| NI USB-6003 | USB | 8 | 16 | 100 | 2 | 16 | 13 | TTL, LVTTL | 32（1個） |
| NI USB-6008 | USB | 8 | 12 | 10 | 2 | 12 | 12 | TTL | 32（1個） |
| NI USB-6009 | USB | 8 | 14 | 48 | 2 | 12 | 12 | TTL | 32（1個） |
| NI USB-6210 | USB | 16 | 16 | 250 | 0 | − | − | TTL | 32（2個） |
| NI USB-6211 | USB | 16 | 16 | 250 | 2 | 16 | 8 | TTL | 32（2個） |
| NI USB-6218 | USB | 32 | 16 | 250 | 2 | 16 | 16 | TTL | 32（2個） |

アナログ連続出力に対応していません．このため，できれば USB-6218（図 5.2），
または USB-6211 クラスの DAQ デバイスの準備をお勧めします．

また，教育用途では，myDAQ（図 5.3）や myRIO（6 ページ図 1.7）がアカデミック価格で提供されています．どちらも，アナログ信号，ディジタル信号の入出力が可能です．とくに myDAQ は，5 V の直流電源出力に加えて，±15 V の電源が取り出せるため，オペアンプなどの実験にも適しています．myRIO は，FPGA とリアルタイム OS 搭載プロセッサを統合した技術が実装されているため，組込みシステムに関する実験にも対応できます．このほか，ELVIS（図 5.4）は，よく使用される 12 種類の計測器やブレッドボードを実装しているため，学生実験に適したプラットフォームです．

図 5.1　USB-6008

図 5.2　USB-6218

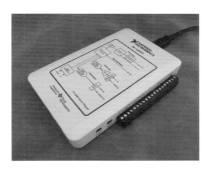

図 5.3　myDAQ

図 5.4　ELVIS

本節では，3 種類の実習を行います．表 5.3 に，これらの実習と図 5.1 〜 5.4 で紹介した DAQ デバイスとの対応を示します．たとえば，USB-6211，または USB-6218 と電源装置（±15 V）を用意すれば，すべての実習に対応できます．

表 5.3　実習と DAQ デバイスの対応

| 実習 | 信号 | USB-6008 | USB-6211 | USB-6218 | myDAQ | ELVIS |
|---|---|---|---|---|---|---|
| 5.1 | アナログ連続入力 | ○ | ○ | ○ | ○ | ○ |
| 5.2 | アナログ連続出力 | × | ○ | ○ | ○ | ○ |
| 5.3 | アナログ連続入力・出力 | ×（出力） | ○ | ○ | ○ | ○ |
|  | ディジタルトリガ設定（STEP 5） | ○ | ○ | ○ | × | ○ |
|  | 電源出力 ±15 V | × | × | × | ○ | ○ |

ここでは，低コストのマルチファンクション DAQ デバイスである USB-6008 を例にして，使用するために必要な設定手順を紹介します．異なる USB 用の DAQ デバイスを使用する場合であっても，基本的な設定手順は同じです．

DAQ デバイスを使用する際に必要なソフトウェアは，NI-DAQmx（データ集録ドライバ）と NI MAX（ソフトウェアやハードウェアを設定するユーティリティ）です．LabVIEW をデフォルトのオプション設定でインストールしていれば，これらのソフトウェアも同時にインストールされているはずです．

DAQ デバイス USB-6008 を，USB ケーブルによってパソコンに接続します．図 5.5 に，USB-6008 が正しく認識された場合のメッセージウィンドウ例を示します．

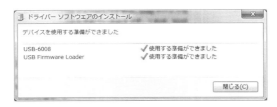
図 5.5 メッセージウィンドウ例

図 5.6 NI MAX のアイコン

ドライバソフトウェアがインストールされていない場合や，バージョンが古い場合などは，DAQ デバイスに付属（CD-ROM）しているデータ集録ドライバ NI-DAQmx を使ってインストールしておきましょう．

次に，NI MAX（Measurement & Automation Explorer）を用いて，DAQ デバイスが認識されていることの確認とセルフテストを行います．図 5.6 に示す NI MAX のアイコンをダブルクリックするか，Windows のスタートメニューから，NI MAX を選択して起動します．または，LabVIEW のメニューバーの［ツール］→［Measurement & Automation Explorer］を選択して起動することもできます．

図 5.7 NI MAX のウィンドウ

NI MAX を起動すると，図 5.7 に示すウィンドウが表示されます．このウィンドウ左側の構成ウィンドウにある［デバイスとインタフェース］部の矢印をクリックして下層メニューを表示して［NI USB-6008 "Dev1"］という項目が現れれば，正しく認識されています．USB-6008 の接続を外した場合などは，図 5.8 のよう

5.1 データ集録 139

図 5.8 USB-6008 が未接続時のウィンドウ

な表示になります．

また，図 5.9 に示すように，NI MAX のウィンドウ左側の構成ウィンドウにある［ソフトウェア］部の矢印をクリックして下層メニューを表示すれば，データ集録ドライバ NI-DAQmx のバージョンなどを確認することができます．

図 5.9 ソフトウェアの確認

次に，DAQ デバイスのセルフテストを行います．図 5.10 に示すように，［NI USB-6008 "Dev1"］をクリックしてハイライト表示にします．この状態で，［セルフテスト］ボタンをクリックします．図に示す成功メッセージが表示されればセルフテストは完了です．

図 5.10 セルフテスト

図 5.11 に示す NI MAX ウィンドウ上部にある［テストパネル］ボタンをクリックすると，図 5.12 に示すテストパネルウィンドウが表示されます．このウィンドウを操作すると，DAQ デバイスの動作テストを行うことができます．

図 5.11　［テストパネル］ボタン

図 5.12　テストパネルウィンドウ

たとえば，図 5.12 に示すテストパネルウィンドウで，［デジタル I/O］タブを選択し，図 5.13 に示すウィンドウを表示します．このウィンドウにおいて，port0 をすべて出力に設定し，それぞれのビット（line0:7）を HIGH（1）か LOW（0）に設定して［開始］ボタンをクリックします．この後，USB-6008 の当該ピンの電圧をテスタなどで測定することで，設定したとおりの出力（HIGH = 5 V, LOW = 0 V）が現れるかどうかを確認できます（図 5.14）．

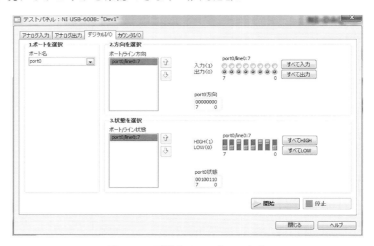

図 5.13　デジタル I/O ウィンドウ

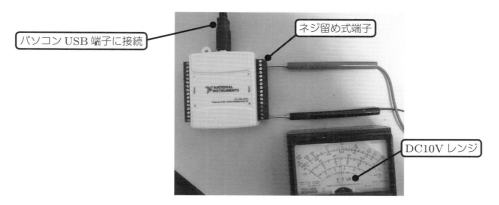

図 5.14　USB-6008 端子の測定例

DAQデバイスのピン配列は，図5.15に示すNI MAXウィンドウ上部にある［デバイスピン配列］ボタンをクリックすれば表示されます．図5.16に，表示されたUSB-6008のピン配列を示します．port0のビット0～7（line0～7）はピン17番～24番に対応します．グラウンド端子（GND）はピン32番などです．

図 5.15　NI MAX ウィンドウ

図 5.16　USB-6008 のピン配列

図 5.17　デバイスモニタのウィンドウ

また，USB-6008を接続した際に表示される，図5.17に示すウィンドウからメニューを選択すれば，LabVIEWの起動やDAQデバイスの動作テストなどを行うことができます．たとえば，メニューの［このデバイスをテストする］を選ぶと，図5.12に示したテストパネルウィンドウが表示されます．

## 5.1.2 太陽電池の電圧測定（アナログ入力）

DAQデバイスにセンサ回路などを接続すればデータ集録を行うことができます．ここでは，小型太陽電池（1 V, 250 mA）の起電力を計測する実習を行います．図5.18に，使用した太陽電池の外観を示します．この太陽電池は，秋月電子通商（http://akizukidenshi.com/）から入手しました．

図5.18　太陽電池（ETM250-1V）の外観

### 実習 5.1　アナログ電圧の測定

太陽電池の起電力を測定するVIを作成しましょう．図5.19に，完成後のプログラム［samp5_1.vi］を示します．この図のブロックダイアグラムウィンドウに配置されているDAQアシスタントは，データ集録に関する設定を簡単に行えるようにするExpress VIです．ここでは，DAQデバイスとしてUSB-6008（図5.1）が接続されていることとします．

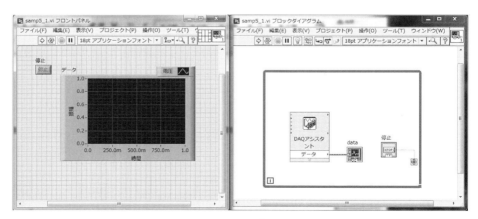

図5.19　太陽電池の起電力測定プログラム［samp5_1.vi］

**STEP1** Whileループ，DAQアシスタントの配置

① LabVIEWを起動して，スタートアップウィンドウから［ブランクVI］を選択します．ブロックダイアグラムウィンドウ内で右クリックして表示される関数パレットから，［ストラクチャ］➡［Whileループ］を選択して配置します（図5.20）．

5.1 データ集録　143

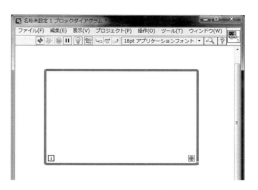

図 5.20　While ループの配置

② 図 5.21 に示すように，[関数パレット] ➡ [Express] ➡ [入力] ➡ [DAQ アシスタント] を選択して，While ループ内に配置します．

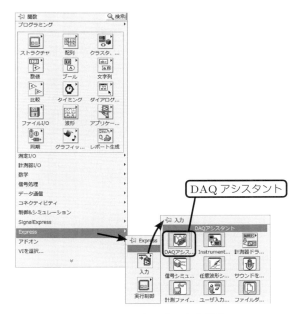

図 5.21　DAQ アシスタントを選択

③ 図 5.22 に示すように，DAQ アシスタントのアイコンを配置すると，図 5.23 に示す DAQ アシスタント新規作成ウィンドウが表示されます．

図 5.22　DAQ アシスタントを配置

144　第5章　LabVIEWを用いた計測制御

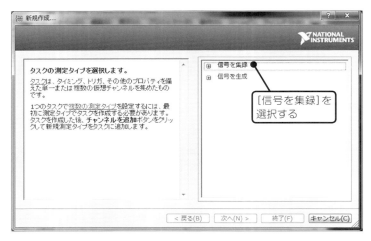

図 5.23　DAQ アシスタント新規作成ウィンドウ

**STEP2** 太陽電池の測定条件の設定

① この実習では，太陽電池の起電力を測定したいので，図 5.24 に示すように，メニューの［信号を集録］➡［アナログ入力］➡［電圧］を選択します．

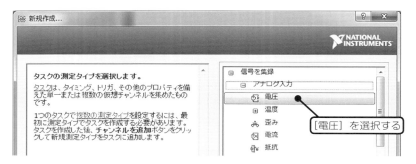

図 5.24　アナログ入力の電圧を選択

② 図 5.25 に示す，物理チャンネルの指定ウィンドウが表示されます．この物理チャンネルは，DAQ デバイスのアナログ入力チャンネルを示しています．DAQ

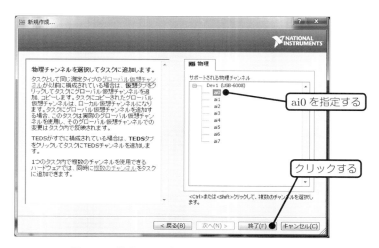

図 5.25　物理チャンネルの指定ウィンドウ

デバイス USB-6008 の場合には，図 5.16 に示したように AI0 〜 AI7 の 8 個のアナログ入力チャンネルが使用できます．これらの 8 チャンネルは，図 5.25 に表示されている ai0 〜 ai7 に対応しています．ai は，analog input の略です．ここでは，ai0 を指定して，[終了] ボタンをクリックします．
③ 図 5.26 に示す測定条件の指定ウィンドウが表示されますので，下部ウィンドウにおいて，接続する太陽電池の規格に合わせた信号入力範囲を設定します．ここでは，最大 2 V，最小 0 V に設定しました．

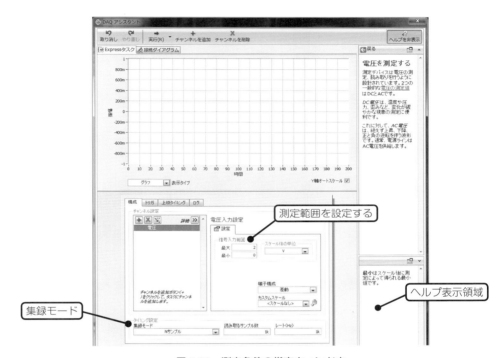

図 5.26　測定条件の指定ウィンドウ

このウィンドウでは，ほかにも多くの条件を指定できます．たとえば，集録モードにおいて [N サンプル] を選択すれば，[読み取るサンプル数] と [レート (Hz)] を指定できます．また，設定項目にマウスポインタを移動すると，その項目に関する説明が図 5.26 右下のヘルプ表示領域に表示されます．

図 5.26 の上側に表示されている [接続ダイアグラム] タブを選択すると，図 5.27 に示す画面が表示されます．この画面には，DAQ デバイスのアナログ入力チャンネル端子 ai0 への接続実体図が示されています．

### STEP3　太陽電池の接続

図 5.27 によると，太陽電池の＋極を USB-6008 の 2 番，太陽電池の−極を USB-6008 の 3 番に接続すればよいことがわかります．USB-6008 の場合，AI0 〜 AI3 は−極として GND 端子ではなく，＋極と対になっているそれぞれの端子（例：AI0＋ と AI0−）を使用します（図 5.16 参照）．AI4 〜 AI7 については，−極として，1,4,7,10 番などの GND 端子を使用します．

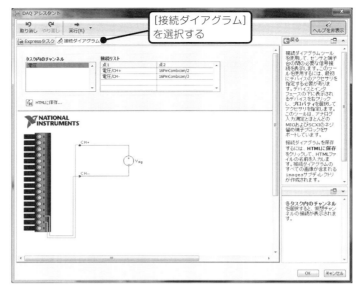

図 5.27　接続ダイアグラム画面

図 5.28 に，太陽電池と USB-6008 を接続した外観を示します．接続が終われば，図 5.27 右下の［OK］ボタンをクリックして，DAQ アシスタントウィンドウを閉じます．すると，DAQ アシスタントのアイコンに，これまでの設定が反映されます．図 5.29 の (a) と (b) を見比べると，データ出力端子などが追加されていることが確認できます．また，DAQ アシスタントのアイコンをダブルクリックすれば，図 5.26 の設定ウィンドウを再表示することができます．

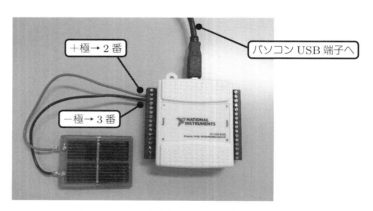

図 5.28　太陽電池と USB-6008 の接続

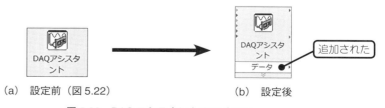

(a) 設定前（図 5.22）　　　(b) 設定後

図 5.29　DAQ アシスタントのアイコン

DAQアシスタントを用いた設定が終わりましたので，計測用のブロックダイアグラムを作成しましょう．

### STEP4 計測用ブロックダイアグラムの作成（図5.30）

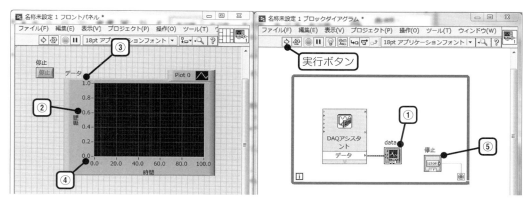

図 5.30　太陽電池の起電力測定 VI［samp5_1.vi］

① DAQアシスタントアイコン右側のデータ出力端子上で右クリックして表示されるメニューから，［作成］➡［グラフ表示器］を選択して波形グラフを配置します．
② 配置した波形グラフの縦軸（Y軸）上で右クリックして表示されるメニューにおいて，［自動スケールY軸］に付いているチェックを外します．
③ 波形グラフの縦軸（Y軸）の最大値上でダブルクリックして，最大値を1と入力します．
④ 同様に，最小値上でダブルクリックして，最小値を0と入力します．
⑤ Whileループのループ条件の左側を右クリックして表示されるメニューから，［制御器を作成］を選択して，停止ボタンを配置します．

ブロックダイアグラムが完成したら，［実行］ボタンをクリックしてVIを実行してみましょう．図5.31に実行中のフロントパネルを示します．太陽電池に照射する光の強さによって，起電力が変化する様子が確認できるはずです．

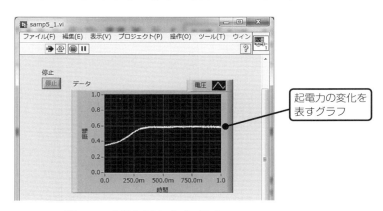

図 5.31　実行中のフロントパネル

以上で，実習 5.1 は終了しました．しかし，図 5.30 に示したブロックダイアグラムにおける While ループでは，ループ処理がパソコンの CPU の限界速度で繰り返されます．したがって，通常は待機時間を設定して使用します．図 5.32 は，[次のミリ秒倍数まで待機] 関数を使用して，100 ms ごとに，サンプルレート 1 kHz で 100 個のデータ（図 5.26 で設定する）を計測する VI［samp5_2.vi］です．この VI は，計測データ（起電力）を 1 次元配列で表示し，起電力が 0.4 V 以下になった場合には，赤色 LED を表示するようにしました．また，エラーが発生した際には，計測処理を中止してエラーメッセージを表示します．

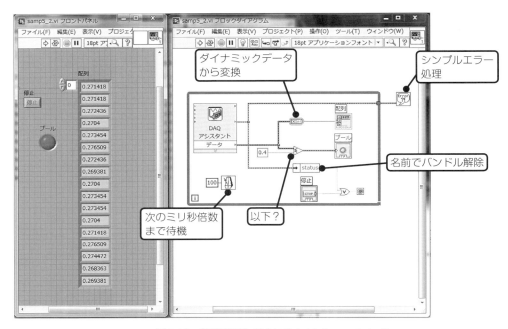

図 5.32　待機時間などを加えた VI［samp5_2.vi］

図 5.33 は，計測した起電力データをファイルに保存する VI です．この VI は，計測データを表計算ソフトウェアのデータ形式でファイルに保存します．VI 実行後に，フロントパネル内の [停止] ボタンをクリックするとファイルへの書込み処理が行われます．しかし，■ボタンを使用すると書込みは行われません．また，長時間実行するとデータ量が膨大になってしまいますので注意してください．

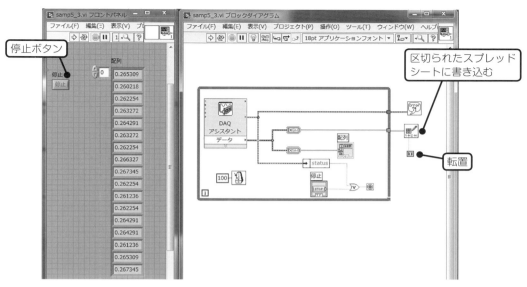

図 5.33　計測データ書込み VI［samp5_3.vi］

## 5.1.3　正弦波の出力（アナログ出力）

アナログ出力の実習として，DAQ デバイスから正弦波を出力してみましょう．実習 5.1 で使用した DAQ デバイス USB-6008 は，クロックを使用したアナログ連続入力には対応していますが，アナログ連続出力には対応していません．このため，ここでは DAQ デバイス myDAQ（図 5.3）を使用する例を説明します．

### 実習 5.2　正弦波の出力

DAQ デバイスから，正弦波を出力する VI を作成しましょう．図 5.34 に，完成後のプログラム［samp5_4.vi］を示します．

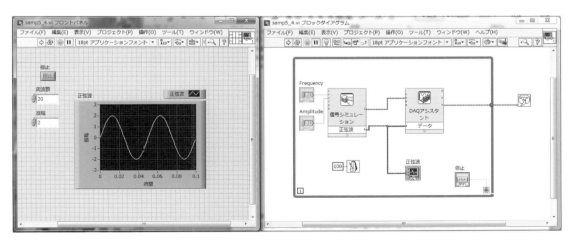

図 5.34　正弦波を出力するプログラム［samp5_4.vi］

## STEP1 DAQアシスタントによる条件設定

① Whileループを配置しましょう．そして，[関数パレット]➡[Express]➡[入力]➡[DAQアシスタント]を選択（図5.21参照）して，Whileループ内に配置します．すると，図5.35に示すDAQアシスタントの新規作成画面が表示されますので，[信号を生成]➡[アナログ出力]➡[電圧]を選択します．

図5.35　DAQアシスタントの新規作成

② 次に表示される図5.36のウィンドウでは，物理チャンネルをao0と指定し，[終了]ボタンをクリックします．aoは，analog outputの略です．

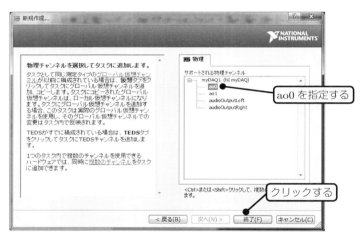

図5.36　物理チャンネルの指定

③ 図5.37に，電圧出力，タイミング設定などの指定例を示します．myDAQのアナログ出力の最大レートは200 kS/s，電圧範囲は±10 Vですので，これらの仕様範囲で使うように注意しましょう．

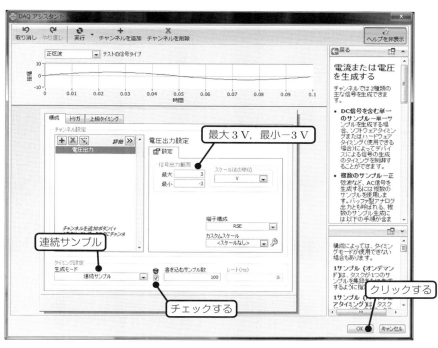

図 5.37　電圧出力などの設定例

**STEP2** ブロックダイアグラムの作成

信号シミュレーション Express VI を用意します．[関数パレット]→[Express]→[入力]→[信号シミュレーション]を選択して，While ループ内に配置します．すると，図 5.38 に示す信号シミュレーション構成ウィンドウが表示されますので，図のように設定します．設定が終われば，[OK]ボタンをクリックします．

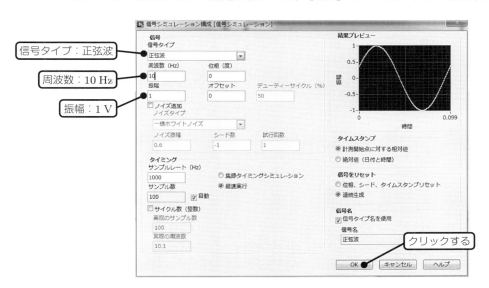

図 5.38　信号シミュレーション構成ウィンドウ

以上で，DAQ アシスタントと信号シミュレーション Express VI の設定は終了しました．図 5.39 に示すように，その他の部分①〜⑥を完成させましょう．

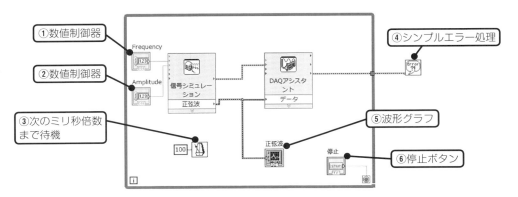

図 5.39　完成したブロックダイアグラム

### STEP3　端子の設定

図 5.36 で指定した物理チャンネル ao0 に対応する myDAQ の端子番号を調べます．図 5.6 のアイコンをダブルクリックするか，LabVIEW メニューバーの［ツール］→［Measurement & Automation Explorer］を選択して，NI MAX を起動します．図 5.40 に示すように，NI MAX の左側の構成ウィンドウ［デバイスとインタフェース］から［NI myDAQ "myDAQ1"］を選択します．さらに，右上の ボタンをクリックして表示されるメニューから，［デバイスピン配列］を選択します．

図 5.40　NI MAX の NI myDAQ "myDAQ1" ウィンドウ

すると，図 5.41 に示すように，DAQ デバイス myDAQ のピン配置図が表示されます．

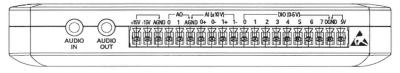

図 5.41　myDAQ のピン配置図

図 5.41 から，AO0 端子（＋）と AGND 端子（－）の場所を確認して，図 5.42 に示すように出力線を引き出します．ただし，ごくまれに NI MAX での表示と実際のピン配置が一致しないことがありますので，使用する DAQ デバイスの表示を入念に確認しましょう．ここでは，出力信号を確認するために，出力線をオシロスコープに接続しました．ここでいうオシロスコープとは，LabVIEW の関数とは無関係な実際の計測装置です．ピン配置図の確認ができたら，NI MAX を終了しておきましょう．

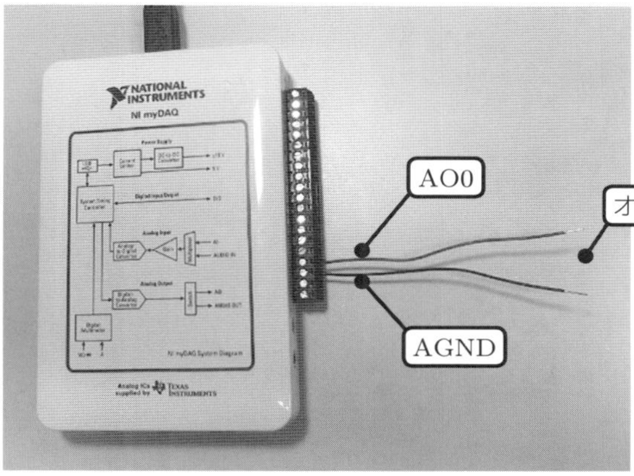

図 5.42　myDAQ に接続した出力線

### STEP4 VI の実行

ここまでの作業で，VI を実行する準備が整いました．図 5.43 に示す，フロントパネルの実行開始ボタンをクリックして VI を実行してみましょう．

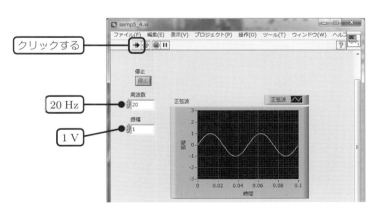

図 5.43　作成した VI の実行画面

フロントパネルに配置した波形グラフには，指定した振幅 1 V，周波数 20 Hz の正弦波が表示されています．さて，実際の波形はどうでしょうか．図 5.44 に，myDAQ の出力線を外部のオシロスコープで測定した画面を示します．この画面からも，設定した正弦波（周波数 20 Hz，振幅 1 V）が出力されていることが確認できます．

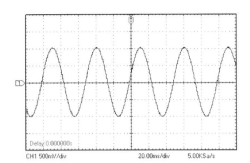

図 5.44　外部のオシロスコープによる出力波形の実測画面

## 5.1.4　オペアンプの特性測定（アナログ入出力）

ここでは，LabVIEW と DAQ デバイスを用いて，アナログ電子回路の入出力特性を測定しましょう．例として，オペアンプを用いた反転増幅回路を扱うことにします．

### 実習 5.3　オペアンプの特性測定

オペアンプ回路を製作して，入力と出力の波形を観測する VI を作成しましょう．ただし，入力信号や出力信号は，LabVIEW によって生成することとします．つまり，図 5.45 に示すように，外部にファンクションジェネレータ（発振器）やオシロスコープを用意することなく，オペアンプの特性を測定します．図 5.46 に，完成後のプログラム［samp5_5.vi］を示します．

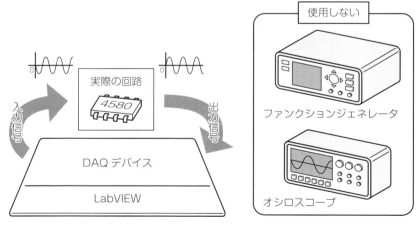

図 5.45　LabVIEW を用いた測定実験

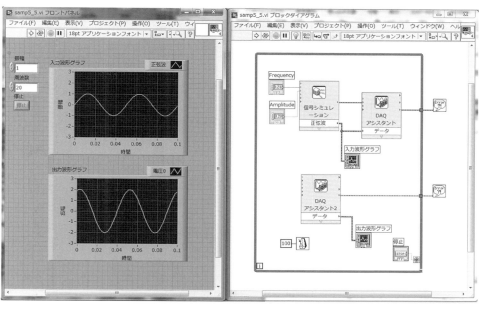

図 5.46　オペアンプ入出力波形測定プログラム［samp5_5.vi］

### STEP1 オペアンプ回路の製作

図 5.47 に，実習用の回路を示します．この回路は，汎用オペアンプ NJM4580 を用いた反転増幅回路であり，電源として ±15 V を使用します．実習 5.2 で使用した myDAQ は，+5 V に加えて ±15 V の出力が用意されていますので，この DAQ デバイスを使えば，別の電源装置を用意しなくても実習が行えます．ただし，myDAQ は，STEP 5 で実習するトリガ信号設定には対応していません（表 5.3）．図 5.48 に，ブレッドボード（SRH-32）上に配線した実習用回路の外観を示します．

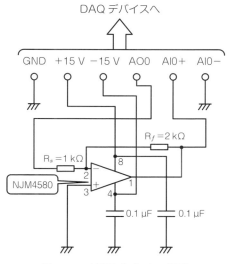

図 5.47　実習用オペアンプ回路

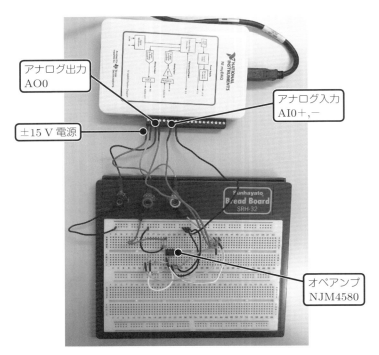

図 5.48 ブレッドボード（SRH-32）上に配線した実習用回路

図 5.47 に示したオペアンプの反転増幅回路の増幅度 $A_v$ は，式(5.1)で計算できます．計算結果（−2）のマイナスは，出力信号の位相が入力信号とは反転している，つまり逆位相（180°ずれた位相）になることを示しています．

$$A_v = -\frac{R_f}{R_s} = -\frac{2\text{ k}\Omega}{1\text{ k}\Omega} = -2 \tag{5.1}$$

### STEP2 VI の作成

図 5.49 に示すブロックダイアグラムは，実習 5.1（図 5.32）と実習 5.2（図 5.34）を組み合わせたような構成になっています．これまでの説明を参考にしながら，ブロックダイアグラムを記述してください．

#### ▶▶▶ 図 5.49 までの作成手順

図 5.49 までの手順で，とくに注意すべき事項について説明します．

① 信号シミュレーション Express VI の配置

［関数パレット］➡［Express］➡［入力］➡［信号シミュレーション］を選択して，While ループ内に配置します．図 5.50 に，信号シミュレーション構成ウィンドウの設定を示します．設定が終われば，［OK］ボタンをクリックします．

5.1 データ集録　157

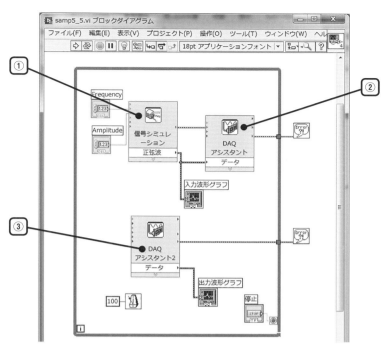

図 5.49　ブロックダイアグラム［samp5_5.vi］

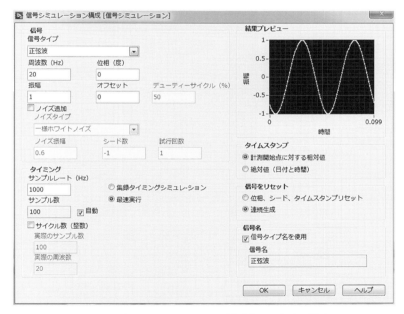

図 5.50　信号シミュレーション構成ウィンドウの設定

② アナログ出力用 DAQ アシスタント Express VI の配置

「関数パレット］→［Express］→［入力］→［DAQ アシスタント］を選択して，While ループ内に配置します．DAQ アシスタントの新規作成ウィンドウでは，［信号を生成］→［アナログ出力］→［電圧］を選択します．また，図 5.51 に示す物理チャンネルの指定ウィンドウでは，ao0 を指定して，［終了］ボタンをクリックします．

図 5.51　物理チャンネルの指定

続いて表示される図 5.52 に示すウィンドウにおいて，電圧出力やタイミングの設定などを行います．設定が終われば，［OK］ボタンをクリックします．

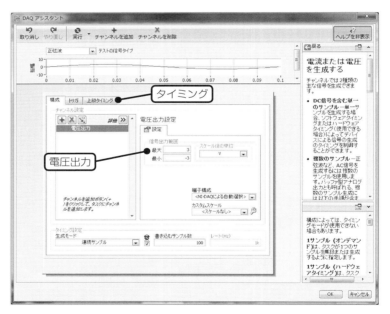

図 5.52　電圧出力とタイミングの設定

③ アナログ入力用 DAQ アシスタント Express VI の配置

［関数パレット］➡［Express］➡［入力］➡［DAQ アシスタント］を選択して，While ループ内に 2 個目の DAQ アシスタントを配置します．DAQ アシスタントの新規作成ウィンドウでは，［信号を集録］➡［アナログ入力］➡［電圧］を選択します．また，図 5.53 に示す物理チャンネルの指定ウィンドウでは，ai0 を指定して，［終了］ボタンをクリックします．

図 5.53　物理チャンネルの設定

続いて表示される図 5.54 に示すウィンドウにおいて，電圧入力やタイミングの設定などを行います．設定が終われば，［OK］ボタンをクリックします．

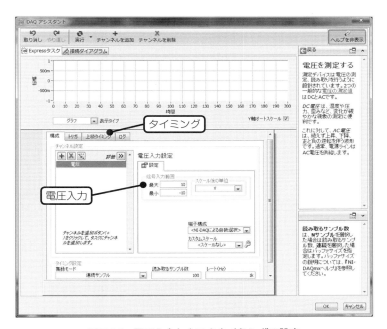

図 5.54　電圧入力とタスクタイミングの設定

### STEP3 DAQ デバイスとの接続

製作した実習用オペアンプ回路と DAQ デバイスの配線を確認しましょう（図 5.47，5.48 参照）．接続するのは，以下の 3 系統の配線です．

- 電源 ➡ ±15 V
- オペアンプ回路の入力信号 ➡ DAQ デバイスの出力信号 AO0
- オペアンプ回路の出力信号 ➡ DAQ デバイスの入力信号 AI0（0＋，0－）

## STEP4 VIの実行

配置した出力波形グラフと入力波形グラフは，X軸，Y軸とも自動スケールを解除して（各軸上で右クリックして設定する），適切な最大値を設定して（各軸の最大目盛り上でダブルクリックして入力する）おきましょう．ブロックダイアグラムが完成したら，念のためにもう一度オペアンプ回路や周辺の接続関係が正しいかどうか確認しましょう．間違いがなければ，フロントパネルの実行開始ボタンをクリックしてVIを実行します．図5.55に，実行中のフロントパネルを示します．実習にあたっては，使用しているDAQデバイスの許容入力電圧を超えることのないように注意してください．たとえば，myDAQの許容入力電圧は±10Vです．

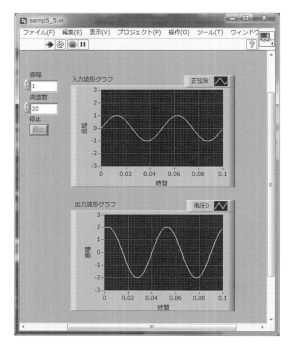

図5.55 ［samp5_5.vi］の実行画面

図5.55の入力波形グラフには，振幅1V，周波数20Hzの正弦波が表示されています．また，出力波形グラフには，振幅2Vの波形が表示されており，式(5.1)で計算したとおり，2倍の増幅度$A_v$が得られていることが確認できます．入力波形グラフの振幅や周波数を変化させて，動作を確認してみましょう．入力波形と出力波形の位相関係については，次のSTEP 5で説明します．

## STEP5 トリガの設定

図5.55によって，このオペアンプ回路の増幅度$A_v$の大きさが2倍になっていることが確認できました．しかし，入力波形グラフと出力波形グラフを比較しても，2つの波形の位相関係の検討ができません．このVIは，同じ条件であっても，実行するたびに2つの波形の位相関係が変化してしまいます．これは，実行のたびに2つの波形の開始時間がずれてしまうことが原因です．このため，ここでは出力波形と入力波形の開始をディジタルのトリガ信号（trigger signal）によって同

図 5.56 トリガ信号のはたらき

時に行うように設定してみましょう（図 5.56）．

STEP 1 で述べたように，myDAQ はトリガ信号の設定機能に対応していません（表 5.3）．このため，トリガ信号を設定する場合は，USB-6218（図 5.2）や ELVIS（図 5.4）などを DAQ デバイスとして選ぶ必要があります．筆者は，USB-6218 と ELVIS を使って動作確認をしました．

実際のトリガ信号は，図 5.57 に示したスイッチ回路によって，トリガ端子(PFI0)に立ち上がりエッジのディジタル信号（5 V）を入力することとします．

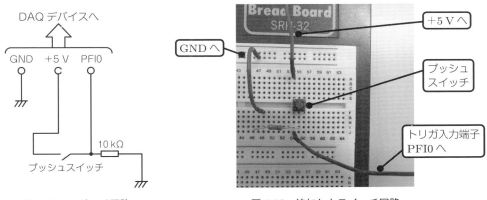

図 5.57　スイッチ回路　　　　図 5.58　追加したスイッチ回路

図 5.48 で作った実習用オペアンプ回路のブレッドボードの空きスペースにスイッチ回路を追加します（図 5.58）．トリガ信号の設定は，DAQ デバイスの出力信号と入力信号それぞれの DAQ アシスタントで行います．出力信号は，図 5.52 に示したウィンドウにおいて，［トリガ］タブをクリックして表示されるウィンドウ（図 5.59）で行います．図 5.52 は，ブロックダイアグラムの DAQ アシスタント VI をダブルクリックすれば表示できます．

引き続いて，入力信号用の DAQ アシスタント 2 でも同様の設定を行います．2 つの設定が終われば，VI を実行してみましょう．図 5.60 に，実行直後のフロントパネルを示します．入力波形グラフには，振幅 1 V，周波数 20 Hz の正弦波が表示されています．しかし，まだトリガ信号を入力していませんので，この正弦波は

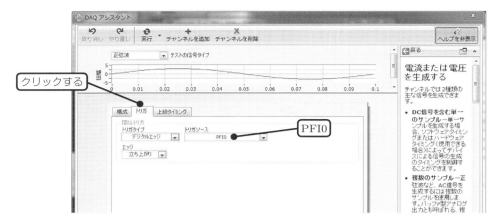

図 5.59　出力信号用 DAQ アシスタントでのトリガ設定

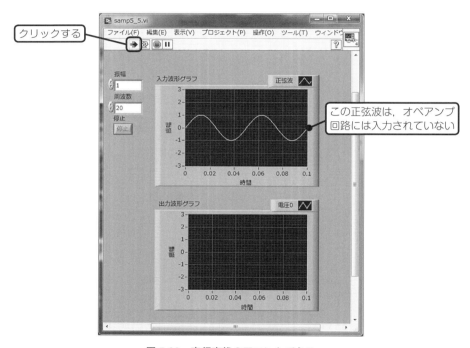

図 5.60　実行直後のフロントパネル

　DAQ デバイスの外部へは出力されていません．つまり，オペアンプ回路には入力されていません．

　次に，ブレッドボードに追加したスイッチ回路のプッシュスイッチを押してみましょう．この操作によって，入力波形グラフに表示されていた正弦波が外部に出力されます．それと同時に，アナログ入力端子 AI0 からのデータ入力が開始されます．つまり，出力信号と入力信号のスタートラインが一致して，同期がとれた状態になります．図 5.61 に，プッシュスイッチを押した後のフロントパネルを示します．図 5.61 を見ると，反転増幅回路であるために，入力と出力波形の位相が反転していることや，式 (5.1) で計算した増幅度が得られていることが確認できます．波形グラフを初期化するには，グラフのアイコンを右クリックして表示されるメニューから，［データ操作］⇒［デフォルト値に再度初期化］を選択します．

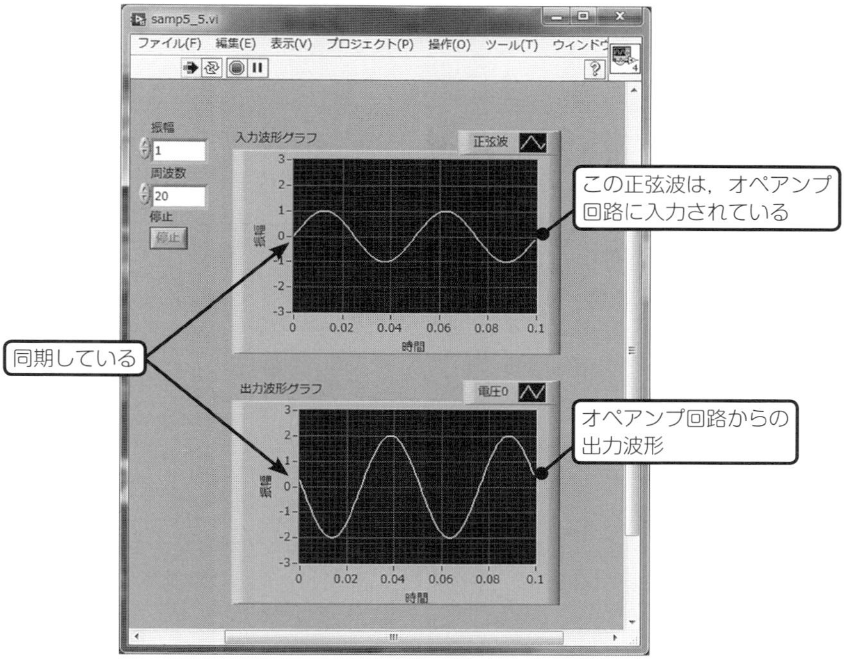

5.1 データ集録 163

図 5.61 プッシュスイッチを押した後のフロントパネル

## 5.2 計測器の制御

LabVIEW は，オシロスコープやディジタルマルチメータなどの計測器（実機）を制御することが可能です．ここでは，GPIB（general purpose interface bus）を用いた計測器の制御方法についての実習を行いましょう．

### 5.2.1 GPIB デバイスの準備

パソコンと外部の計測器を接続するためのインタフェースとしては，GPIB，USB，Ethernet，RS-232C などがあります．この中で，GPIB は，1960 年代に Hewlett Packard 社が開発したインタフェース規格です．当初，GPIB は，同社の社名にちなんで HP-IB とよばれていましたが，その後 IEEE によって標準化され，現在は IEEE 488 ともよばれています．GPIB は，高速なデータ転送，高い信頼性，複数機器の接続が可能などの特徴をもっています．ただし，使用する機器は，GPIB 規格に対応している必要があります．図 5.62 に，GPIB を用いた計測器制御の構成例を示します．

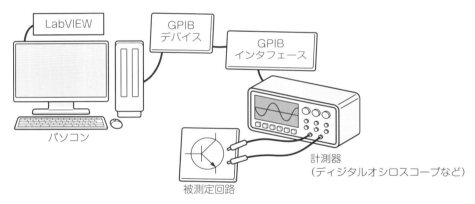

図 5.62　GPIB を用いた計測器制御の構成例

図 5.63(a) に，GPIB に対応しているディジタルオシロスコープ（Agilent Technologies 社 DSO3062A）の正面，図 (b) に背面に取り付けた GPIB インタフェース（拡張モジュール N2861A）の外観を示します．計測器側の GPIB インタフェースは，計測器メーカから入手するのが一般的です．また，GPIB インタ

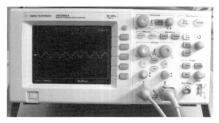

(a)　正面　　　　　　　　　　　　　　(b)　背面の GPIB インタフェース

図 5.63　ディジタルオシロスコープの例

フェースを標準で内蔵している測定器もあります．

　パソコンと接続する GPIB デバイスは，NI 社から各種の製品が発売されています（図 5.64）．図 5.65 に GPIB デバイス（GPIB-USB-HS）の外観を示します．この GPIB デバイスは，USB インタフェースによってパソコンと計測器を接続します（図 5.66）．主な特徴は，以下のとおりです．なお，新規に購入する場合は，後継機種の GPIB-USB-HS+ をお勧めします．

図 5.64　NI 社 GPIB デバイスのホームページ

図 5.65　GPIB デバイス（GPIB-USB-HS）

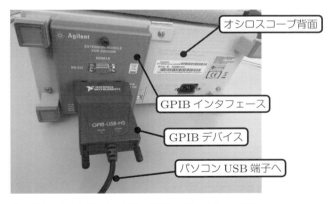

図 5.66　オシロスコープの GPIB インタフェースに接続した GPIB デバイス

#### ▶▶▶ GPIB-USB-HS の特徴
- GPIB ケーブルが不要な USB 接続
- 最大 1.8 MB/s（IEEE 488.1）および最大 7.7 MB/s（HS488）の転送レート
- NI-488.2 用ライセンス付属

　パソコンの電源を ON にして，USB 端子に GPIB デバイスのケーブルを接続します．すると，Windows のプラグ＆プレイ機能によって GPIB デバイスが検出され，必要なソフトウェアがインストールされます（図 5.67）．

(a) インストール中

(b) インストール終了

図 5.67　GPIB デバイスの認識メッセージ

次に，NI MAX（図 5.6）を起動して，GPIB デバイスが認識されていることを確認します（図 5.68）．

図 5.68　NI MAX による GPIB デバイスの確認

以上で GPIB デバイスの準備は終了しました．

## 5.2.2　計測器の制御実習

ここでは，GPIB による計測器制御の例として，図 5.63 に示したディジタルオシロスコープを制御する実習を行います．計測器を制御するには，計測器 I/O アシスタント Express VI などを用いて行うコマンドレベルの制御と，特定の計測器用に作成された計測器ドライバを用いる制御があります．それぞれの方法を実習 5.4，5.5 で確認してください．

### 実習 5.4　コマンドレベルの制御

GPIB デバイス GPIB-USB-HS を介して接続したディジタルオシロスコープ（Agilent Technologies 社 DSO3062A）をコマンドレベルで制御してみましょう．

**STEP1** オシロスコープの接続と設定

GPIB デバイス（GPIB-USB-HS）とディジタルオシロスコープの GPIB インタフェース（N2861A）を接続します（図 5.66）．そして，GPIB デバイスのケーブルをパソコンの USB 端子に接続した後，オシロスコープの電源を ON にします．

NI MAX を起動して，図 5.69 に示す［計測器をスキャン］ボタンをクリックすると，オシロスコープが認識されます．

図 5.69　ディジタルオシロスコープのスキャン

ここでは，図 5.69 に示すように，GPIB インタフェース ID として［GPIB0］を選択します．そして，図 5.70 に示すように，ウィンドウの左側で［DSO3062A "GPIB0::7::INSTR"］を選択した後，［計測器と通信する］ボタンをクリックして，NI-488.2 コミュニケータウィンドウを表示します．

図 5.70　ディジタルオシロスコープとの通信

このコミュニケータウィンドウを用いれば，計測器とのコマンドレベルの通信を行うことができます．たとえば，「*IDN?」は，計測器に識別文字列を問い合わせる GPIB（IEEE 488.2）のコマンドです．図 5.70 で表示したコミュニケータウィンドウでは，デフォルトでこのコマンドが表示されていますので，そのまま［クエリ］ボタンをクリックしてみましょう．すると，図 5.71 に示すように，オシロスコープから返された型番などの情報が表示されます．クエリ（query）は，「問い合わせ」という意味をもつ英語です．

168　第5章　LabVIEWを用いた計測制御

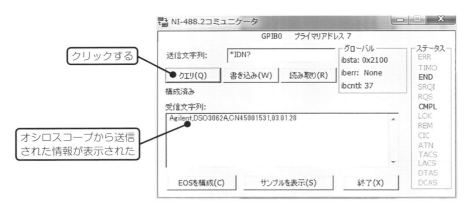

図 5.71　コマンド「*IDN?」を送信

通信を確認できたら，コミュニケータウィンドウを閉じて，NI MAX を終了します．

### STEP2 計測器 I/O アシスタント ExpressVI の使用

LabVIEW 上で計測器 I/O アシスタント Express VI を使用する実習に進みましょう．LabVIEW を起動して，スタートアップウィンドウから［ブランクVI］を選択します．図 5.72 に示すように，ブロックダイアグラムウィンドウ内で右クリックして表示される［関数パレット］→［計測器 I/O］→［Instrument I/O Assistant（計測器 I/O アシスタント）］を選択して配置します．

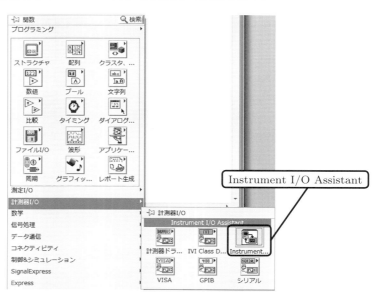

図 5.72　Instrument I/O Assistant の選択

すると，図 5.73 に示すウィンドウが表示されます．このウィンドウにおいて，[計測器を選択] では NI MAX で設定した [GPIB0::7::INSTR]，[コード生成タイプ]では [VISA コード生成] を選択します．VISA（virtual instrument software architecture）コードは，GPIB を含む多くのインタフェースを統一された操作で扱うことができる方式です．

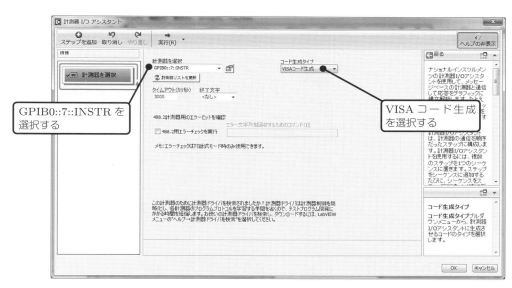

図 5.73　Instrument I/O Assistant の設定

次に，図 5.74 に示すように，[ステップを追加] ボタンをクリックして表示されるウィンドウから，[クエリして解析] ボタンをクリックします．

図 5.74　[クエリして解析] を選択

すると，図 5.75 に示すウィンドウに変化しますので，問い合わせコマンド「*IDN?」を入力して，[このステップを実行] ボタンをクリックしてみましょう．オシロスコープから返ってきたメッセージは，このウィンドウ内に表示されます．

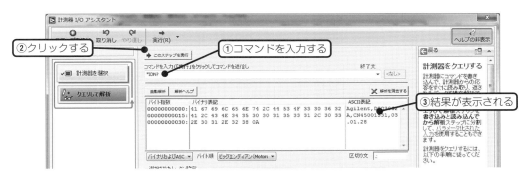

図 5.75　コマンド「*IDN?」の実行

### STEP3 受信データの解析

次に，オシロスコープからの受信データを解析します．図 5.76 に示すように，[自動解析]ボタンをクリックすると，データを解析します．この例では，解析結果の出力名が [token]〜[token4] となっています．これらの出力名は，出力名を右クリックして表示されるメニューによって変更することもできます．ここでは，このまま [OK] ボタンをクリックして進みましょう．

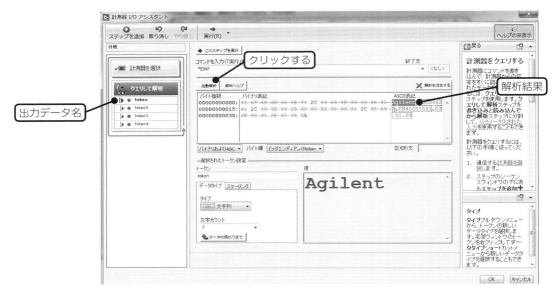

図 5.76　受信データの解析

すると，計測器 I/O アシスタント Express VI の構築が行われます．構成後のアイコンにある 4 個の出力端子に表示器を接続して VI [samp5_6.vi] を実行すると，登録したコマンドによる通信結果がフロントパネルに表示されます（図5.77）．

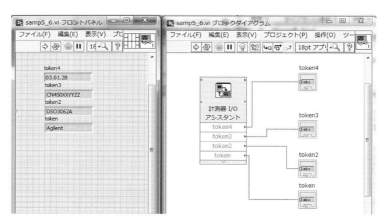

5.77　VI の実行結果 [samp5_6.vi]

GPIB コマンドは，計測器ごとに決められていますので，計測器のマニュアルなどを参照してください．ここで例示したコマンド「*IDN?」は，あまり面白み

がないかもしれませんが，各自の環境に合わせて各種コマンドを使用したVIを作成してみてください．表5.4に，Agilent Technologies社のディジタルオシロスコープDSO3062AのGPIBコマンド例を示します．

表5.4　GPIBコマンド例（DSO3000シリーズ）

| コマンド例 | 機能 |
|---|---|
| *RST | リセットする |
| :AUT | オートスケールで測定する |
| :MEAS:FREQ? {CHAN1} | チャンネル1信号の周波数を返す |
| :MEAS:VPP? {CHAN1} | チャンネル1信号のピーク−ピーク値を返す |
| :MEAS:VMAX? {CHAN1} | チャンネル1信号の最大値を返す |
| :MEAS:VMIN? {CHAN1} | チャンネル1信号の最小値を返す |
| :MEAS:VRMS? {CHAN1} | チャンネル1信号の実効値を返す |

## 実習 5.5　計測器ドライバを用いた制御

GPIBによって接続されたディジタルオシロスコープ（Agilent Technologies社 DSO3062A）を計測器ドライバによって制御してみましょう．

### STEP1　計測器ドライバのインストール

計測器ドライバは，特定の計測器用に作成された制御用ソフトウェアです．図5.78に示すように，インターネットに接続してあるパソコン上で起動したLabVIEW画面のメニューバーから，［ツール］⇒［計測］⇒［計測器ドライバネットワークを参照］を選択すれば，NI社の計測器ドライバのホームページにアクセスできます（図5.79）．

図5.78　［計測器ドライバネットワークを参照］を選択

図5.79　計測器ドライバのホームページ

図 5.79 の［計測器ドライバ］にキーワードを入力して，目的の計測器ドライバを探すことができます．図 5.80 に，ディジタルオシロスコープ DSO3062A の計測器ドライバが表示されているホームページを示します．ここでは，プラグ&プレイ型の計測器ドライバを選択することにして，先に進みます．

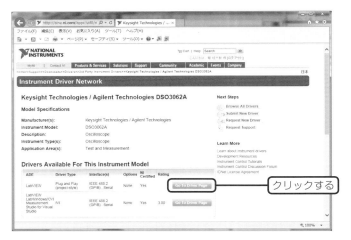

図 5.80　DSO3062A の計測器ドライバ

図 5.81 に示すホームページで，使用する LabVIEW のバージョンに適合した計測器ドライバを選択してダウンロードします．

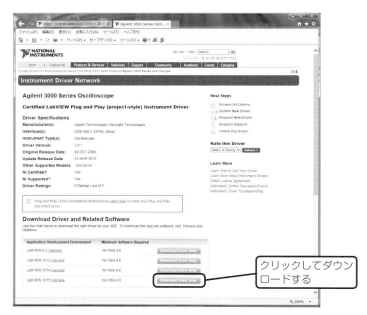

図 5.81　LabVIEW 2015 用の計測器ドライバをダウンロード

ダウンロードしたプラグ&プレイ型の計測器ドライバ（図 5.82）を，パソコンの LabVIEW フォルダの中にある［instr.lib］フォルダに格納しておきます（図 5.83）．この例では，［C:¥Program Files¥National Instruments¥LabVIEW 2015¥instr.lib］に格納しました．

5.2 計測器の制御　173

(a)　ダウンロードした圧縮フォルダ　　　　　　(b)　コピーするフォルダ

図 5.82　ダウンロードした計測器ドライバフォルダ

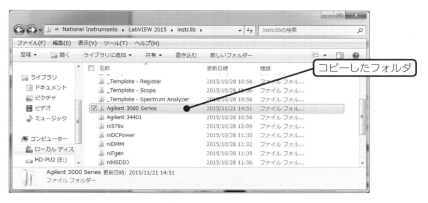

図 5.83　計測器ドライバのコピー

計測器ドライバのコピーを終えた状態で LabVIEW を起動すれば，自動的に計測器ドライバが読み込まれます．計測器ドライバのインストールに成功していれば，図 5.84 に示すように，［関数パレット］→［計測器 I/O］→［計測器ドライバ］と選択してアイコンを確認することができます．以上で計測器ドライバのインストールは終了です．

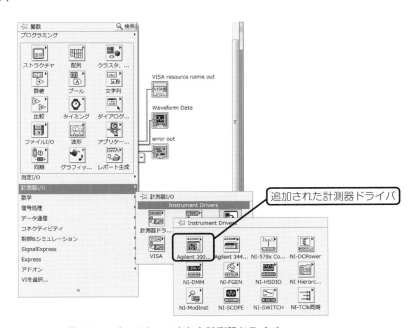

図 5.84　インストールされた計測器ドライバ

### STEP2 計測器からのデータ取得

計測器ドライバとして用意されている VI を使用すれば，目的の制御プログラムを比較的容易に作成することができます．ここでは，オシロスコープからデータを取得して，パソコン上で表示する VI を作成してみましょう．図 5.85 に示すように，［関数パレット］➡［計測器 I/O］➡［計測器ドライバ］➡［Agilent 3000 Series］➡［Data］と選択して，［Read.vi］をブロックダイアグラムウィンドウに配置します（図 5.86）．

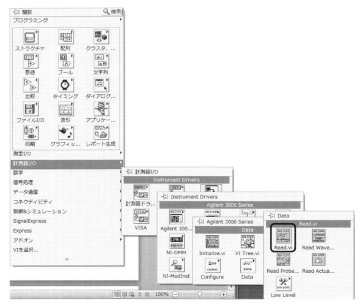

図 5.85 ［Read.vi］を選択

図 5.86 配置した［Read.vi］

図 5.87 に示すように，配置した［Read.vi］を右クリックして，［作成］➡［すべての制御器および表示器］を選択します．図 5.88 は，配置を整えた後のウィンドウです．

図 5.88 のフロントパネルにおいて，［VISA resource name］を［GPIB0::7::INSTR］にするなどの設定を行い，この VI を実行してみましょう．図 5.89 に示すように，オシロスコープで測定している波形データが表示されるはずです．図 5.89 は，オシロスコープで約 1 kHz の正弦波を測定している場合のフロントパネルです．測定チャンネルは，オシロスコープの［Channel 1］を指定しています．

5.2 計測器の制御　175

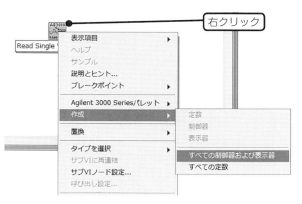

図 5.87　［作成］⇒［すべての制御器および表示器］を選択

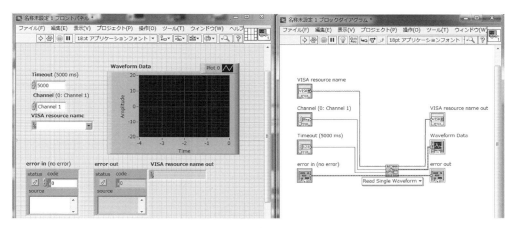

図 5.88　配置を整えたウィンドウ

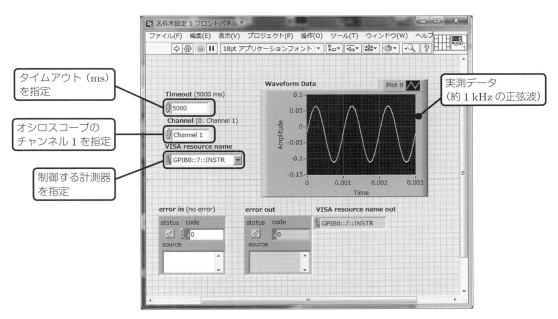

図 5.89　フロントパネルに表示された測定波形

## 5.3 画像処理

LabVIEW を用いて，画像を集録し解析することも可能です．ここでは，LabVIEW と NI 社の提供する画像処理用ソフトウェアを連携させて作業を行う基本操作を紹介します．NI 社では，工業分野などで行われる目視検査の作業を自動化することをマシンビジョン（machine vision）とよんでいます．

### 5.3.1 画像処理用ソフトウェアの概要

図 5.90 に，LabVIEW を用いた画像処理システムの構成例を示します．近年では，画像を取得するカメラとして，USB カメラが使用されることが多くなってきました．しかし，より高精度な画像処理を行う場合には，NI Smart Camera などの専用カメラが使用されます．また，あらかじめ用意してある画像ファイルを処理する場合であれば，カメラは不要です．

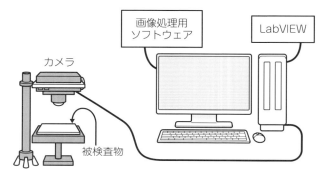

図 5.90　画像処理システムの構成例

LabVIEW に関係する画像処理用ソフトウェアには，次の種類があります．

❶ Vision Development Module（NI Vision 開発モジュール）

NI 社の販売する画像処理用ソフトウェアであり，次の 2 つのソフトウェアで構成されています（13 ページ図 1.21 参照）．

・IMAQ Vision

多数の画像処理用の関数が用意されています．このソフトウェアを使用するためには，LabVIEW などのプログラミング環境が必要となります．IMAQ Vision は，実習 5.6, 5.7 で使用します．

・Vision Assistant

画像処理用ソフトウェアを対話形式で開発できるツールです．IMAQ Vision に用意されている関数を使用できますが，ほかのプログラミング環境がなくてもスタンドアロンで使用できるソフトウェアです．Vision Assistant は，実習 5.8 で使用します．

❷ Vision Builder for Automated Inspection

プログラミング作業をせずに，対話形式によってマシンビジョンアプリケー

ションを作成できるソフトウェアです．LabVIEW を使用しなくても，完全なスタンドアロンで動作します．また，NI 社がサポートするすべてのカメラから画像を集録でき，Ethernet，シリアル，ディジタル出力などの通信プロトコルを使用することで，検査結果をほかのデバイスに転送することもできます．

いずれのソフトウェアにおいても，LabVIEW や C，C++，Visual Basic などと連携した使用が可能です．本書では，上記❶の Vision Development Module（NI Vision 開発モジュール）を使用した実習を紹介します．

## 5.3.2　NI Vision 開発モジュールのインストール

NI Vision 開発モジュールは，LabVIEW とは別に入手する必要があります．評価版は，NI 社のホームページから入手することができます．入手にあたっては，LabVIEW と NI Vision 開発モジュールのバージョンを一致させることに注意してください．たとえば，LabVIEW 2015 には，NI Vision 開発モジュール 2015 をインストールします．LabVIEW 2015 に NI Vision 開発モジュール 2014 をインストールすることはできません．本書では LabVIEW 2015 を使用していますが，本書執筆時点において NI 社の日本語ホームページでダウンロードできる NI Vision 開発モジュールのバージョンは，2014 でした．このため，図 5.91 に示す英語のホームページ（http://www.ni.com/download/ni-vision-common-resources-2015/5621/en/）から，NI Vision 開発モジュール 2015 を入手しました．

図 5.91　NI Vision 開発モジュール 2015 のダウンロード

NI Vision 開発モジュールをインストールしたら，メッセージに従いパソコンを再起動します．そして，LabVIEW を起動すると，図 5.92 に示すように，起動中のウィンドウに NI Vision 開発モジュールがインストールされていることを示すカメラのロゴが表示されます．

図 5.92　LabVIEW 起動中のウィンドウ

また，LabVIEW のフロントパネルの制御器パレットとブロックダイアグラムウィンドウの関数パレットに，図 5.93 に示すメニューが追加されます．

（a）　制御器パレット　　　　　　　　　　　　　（b）　関数パレット

図 5.93　画像ソフトウェアインストール後

### 5.3.3　USB カメラの認識

LabVIEW でカメラを認識するために必要なドライバソフトウェアには，以下の 2 種類があります．

❶ NI-IMAQ

　NI 社の画像集録デバイスである NI Smart Camera からのデータ集録用です．

❷ NI-IMAQdx

　USB3 Vision，GigE Vision，IP（Ethernet），IEEE 1394 対応デバイスからのデータ集録用です．NI Vision Acquisition Software に集録されています．

ここでは，❷の NI-IMAQdx を用いて，USB カメラから画像を収録する方法を紹介します．図 5.94 に，使用した USB カメラの外観を示します．ただし，本節で行う実習 5.7，5.8 では，USB カメラを使用せずに，あらかじめ用意した画像ファイルを使用して実習を行うこともできます．

5.3 画像処理　179

図 5.94　USB カメラ（C270）の外観

　LabVIEW 正規版を使用している場合は，NI デバイスドライバの DVD に集録されている［setup.exe］を実行します．図 5.95 に示すウィンドウが表示されたら，NI-IMAQdx をインストールするように設定して次に進みます．

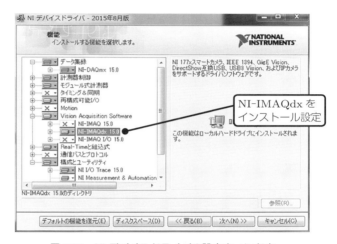

図 5.95　NI デバイスドライバの設定ウィンドウ

　NI-IMAQdx のインストールを終了したら，パソコンを再起動します．USB カメラを接続して，NI MAX を起動すれば，USB カメラが認識されていることを確認できます（図 5.96）．ただし，USB カメラが Windows で認識されているこ

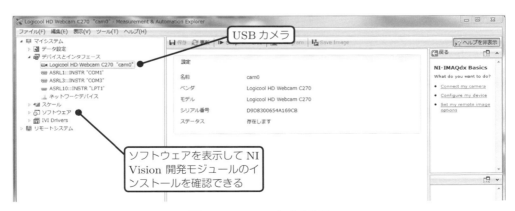

図 5.96　NI MAX による確認

とが前提です．また，NI-IMAQdx のインストールによって，LabVIEW の関数パレットにいくつかの機能が追加されます（図 5.97）．

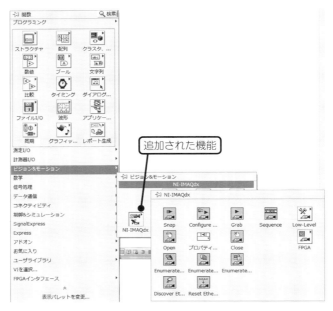

図 5.97　関数パレットに追加された NI-IMAQdx

準備が整えば，NI Vision 開発モジュールを使った実習を行いましょう．

## 実習 5.6　USB カメラからのデータ集録

接続した USB カメラから画像を取り込んで表示する VI を作成しましょう．図 5.98 に完成したプログラム［samp5_7.vi］を示します．

図 5.98　USB カメラからのデータ集録プログラム［samp5_7.vi］

図5.99に，このVIを作成する主な手順を示します．

① フロントパネル上で右クリックして表示される［制御器］➡［Vision］➡［Image Display］を選択して配置します．
② ブロックダイアグラムウィンドウで右クリックして表示される［関数パレット］➡［ビジョン＆モーション］➡［NI-IMAQdx］➡［Snap］を選択して配置します．
③ ［関数パレット］➡［ビジョン＆モーション］➡［Vision Utilities］➡［Image Management］➡［IMAQ Create］を選択して配置します．
④ ｢IMAQ Create｣のImage Name端子で右クリックして表示されるメニューから［作成］➡［定数］を選択して配置します．
⑤ 必要な配線を行います．

完成したVIを実行すれば，USBカメラから得た画像が，フロントパネルのImage Displayに表示されます．

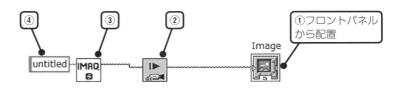

図5.99　ブロックダイアグラム［samp5_7.vi］

## 実習 5.7　電子部品の寸法測定

カメラから取り込んだ電子部品の画像から，部品のサイズを測定し，測定値が許容値以下であることを判定するVIを作成しましょう．図5.100に，完成後のプログラム［samp5_8.vi］を示します．

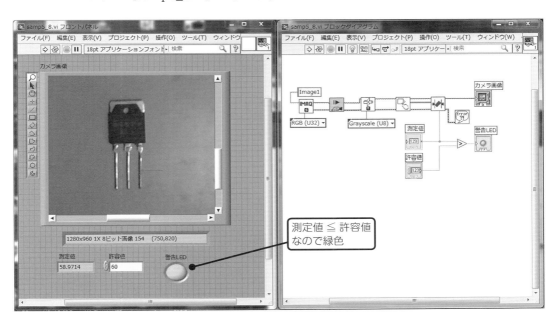

図5.100　サイズ測定プログラム［samp5_8.vi］

このVIを実行すると，カメラから取り込んだカラー画像をグレースケール（白黒）に変換して表示します．この理由は，画像を測定する関数（IMAQ Select Rectangle，IMAQ Clamp Horizontal Max）が画像のエッジを利用した処理を行うために，カラー画像をグレースケールに変換する必要があるためです．表示された画像において，測定したい範囲をマウスによって指定し，［OK］ボタンをクリックすれば，測定範囲と測定値が表示されます（図5.101）．測定範囲は，マウスで描いた四角形内の横方向の最大エッジ間が指定されます（図5.102）．そして，測定値が設定してある許容値よりも大きければ，LEDが赤色に点灯します．測定した電子部品は，三端子レギュレータIC（3052V）です．

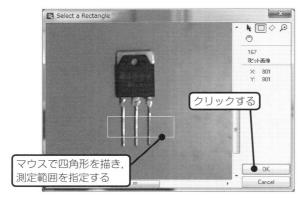

図5.101 測定範囲を指定

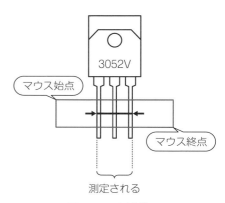

図5.102 測定範囲

図5.103に，このVIのブロックダイアグラムに使用した主な関数などの名称を示します．

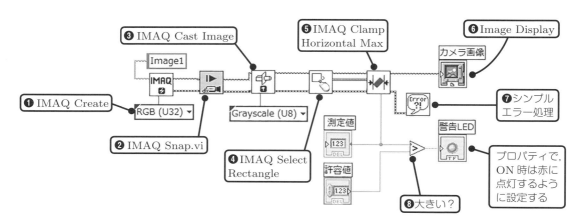

図5.103 ブロックダイアグラム［samp5_8.vi］

以下に，使用した関数などのはたらきと格納場所を示します．

❶ IMAQ Create

取得した画像を保持するメモリ領域を確保します．

［関数パレット］⇒［ビジョン＆モーション］⇒［Vision Utilities］⇒［Image Management］

❷ IMAQ Snap.vi
カメラから静止画像を取得します．
［関数パレット］➡［ビジョン＆モーション］➡［NI-IMAQdx］

❸ IMAQ Cast Image
カメラから取得したカラー画像（RGB32 ビット）をグレースケール（8 ビット）に変換します．
［関数パレット］➡［ビジョン＆モーション］➡［Vision Utilities］➡［Image Management］

❹ IMAQ Select Rectangle
マウス操作によって長方形を指定します．
［関数パレット］➡［ビジョン＆モーション］➡［Machine Vision］➡［Select Region of Interest］

❺ IMAQ Clamp Horizontal Max
水平方向のエッジ間の最大距離を測定します．
［関数パレット］➡［ビジョン＆モーション］➡［Machine Vision］➡［Measure Distances］

❻ Image Display
画像を表示するディスプレイです．
［制御器パレット］➡［Vision］

❼ シンプルエラー処理
エラーが発生した場合に，メッセージを表示します．
［関数パレット］➡［ダイアログ＆ユーザインタフェース］

❽ 大きい？
測定値が許容値より大きいかどうか判定します．
［関数パレット］➡［比較］

　この実習では，カメラから取得した画像を処理しましたが，あらかじめ用意した画像ファイルに対して同様の処理を行うことも可能です．図 5.104 に，画像ファイルを測定処理するプログラム［samp5_9.vi］を示します．

　図 5.104 は，ディジタルカメラで撮影した画像をビットマップ形式で保存したファイル（R3052.BMP）を指定して測定を行った例です．ブロックダイアグラムを図 5.103［samp5_8.vi］と比較すると，図 5.103 で使用していた IMAQ Snap.vi を IMAQ ReadFile に置き換えた構成となっています．IMAQ ReadFile 関数は，［関数パレット］➡［ビジョン＆モーション］➡［Vision Utilities］➡［Files］に格納されています．

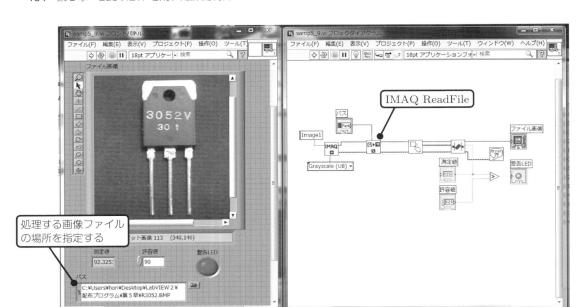

図 5.104　画像ファイル処理プログラム［samp5_9.vi］

## 実習 5.8　Vision Assistant の使い方

　Vision 開発モジュールに含まれている Vision Assistant を使用した画像処理の例を紹介します．Vision Assistant は，画像処理用ソフトウェアを対話形式で開発できるツールです．

　画像に対して，各種のフィルタを適用してみましょう．ここでは，使用する画像を，小型ロボット用のアルミニウム製ホイールとしました．

### STEP1　画像の読込み

　Windows のスタートメニューから，Vision Assistant を選択して起動すると，図 5.105 に示すウィンドウが表示されますので，ここでは，［画像を開く］ボタン

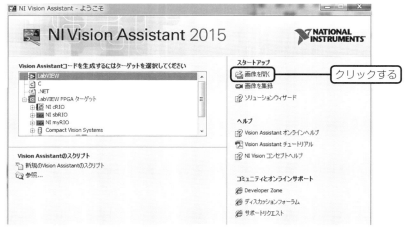

図 5.105　Vision Assistant の起動画面

をクリックしましょう．続いて表示されるウィンドウで，処理を行う画像ファイル［wheel.BMP］を指定します．

図 5.106 に，処理する画像を読み込んだ状態の Vision Assistant の画面を示します．

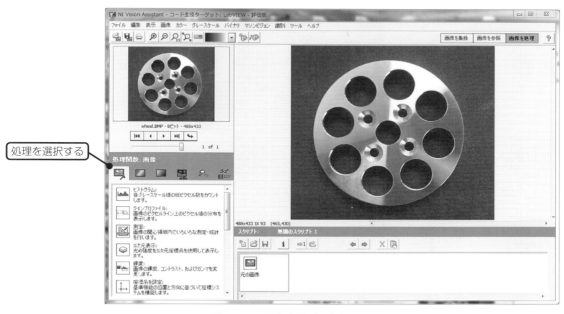

図 5.106　画像を読み込んだ Vision Assistant 画面

#### STEP2 処理関数の使用法

図 5.106 の画面左側の下半分の［処理関数］欄から処理する操作を指定します．各種のフィルタ処理は，たとえば図 5.107 に示すように，［処理関数：グレースケール］タブを選んで表示されるメニューから選択できます．

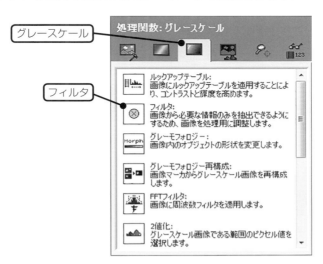

図 5.107　処理関数：グレースケール

図 5.108 に，ラプラシアンフィルタを使用してエッジを検出した例を示します．ここでは，ラプラシアンフィルタを選択しましたが，メニューから［平滑化 - ロー

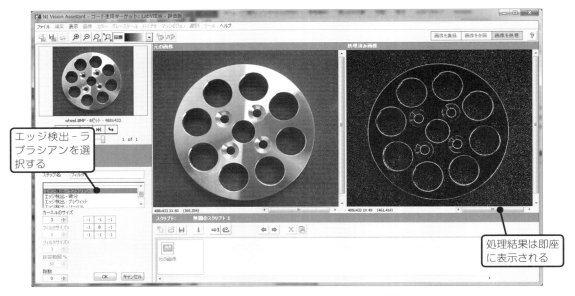

図 5.108　ラプラシアンフィルタによるエッジ検出

パス］や［平滑化 - ローカル平均］など各種の処理名をクリックすれば，即座に処理結果が表示されます．このように，使用する処理を動作させて効果を確認しながらプログラムを作成できることが，Vision Assistant の優れた特徴の 1 つです．

### STEP3　スクリプトの作成

図 5.109 に示すように，使用する処理を選択して［OK］ボタンをクリックします．すると，図 5.110 に示すように，画面下のスクリプト表示部に，選択した処理のアイコンが表示されます．このように，各種の処理を選択して，［OK］ボタンをクリックしていく作業を続けることで，スクリプト（プログラム）を作成することができます．

作成したスクリプト（プログラム）は，メニューバーから，［ファイル］⇒［スクリプトを保存］を選択して保存することができます．保存したスクリプトには，拡張子 vascr が付きます．

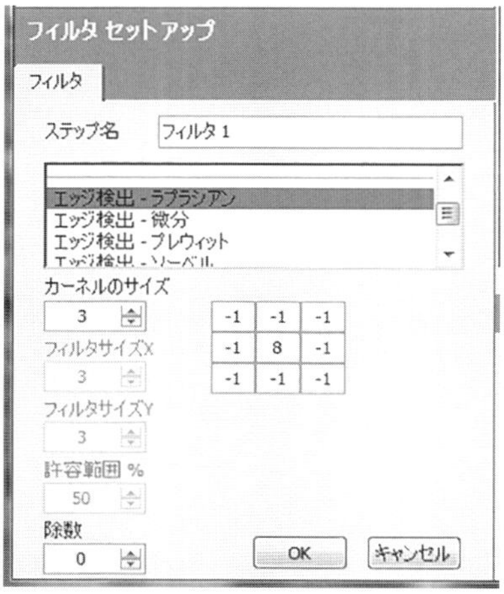

図 5.109　処理を決めて［OK］ボタンをクリック

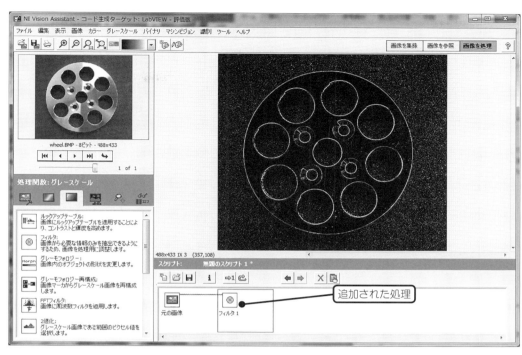

図 5.110 エッジ処理をスクリプトに追加

### 実習 5.8 Vision Assistant による寸法測定

小型ロボットのアルミニウム製ホイール画像に対して，寸法を測定するスクリプト（プログラム）を作ってみましょう．外側にある大きな8個の穴を対象として，ホイールの中心に対して向かい合っている穴どうしの中心距離を測定するものとします．図 5.111 に，スクリプトを実行した画面を示します．

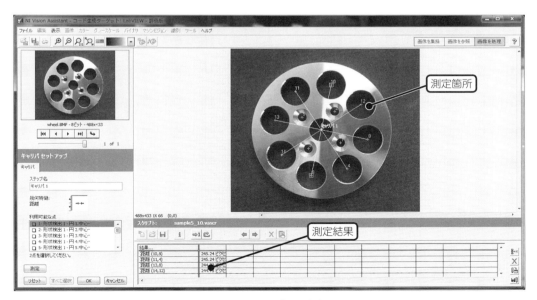

図 5.111 スクリプトの実行画面

### STEP1 穴の中心点検出

Vision Assistant を起動すると，図 5.105 に示すウィンドウが表示されますので，［画像を開く］ボタンをクリックします．続いて表示されるウィンドウで，処理を行う画像ファイル［wheel.BMP］を指定します．図 5.112 に画像を取り込んだ Vision Assistant の画面を示します．

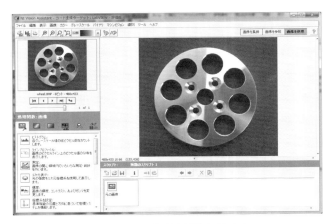

図 5.112　画像を取り込んだ画面

ホイールの各穴の中心点を得るために，［処理関数：マシンビジョン］→［形状検出］を選択し，［OK］ボタンをクリックします．すると，図 5.113 に示すように，選択した機能がスクリプトに追加されます．また，検出された各穴の中心点を画面によって確認できます．

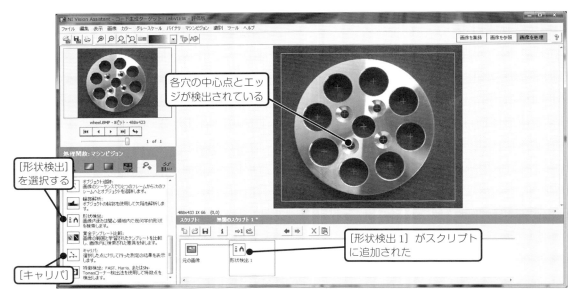

図 5.113　形状検出を追加

### STEP2 距離の測定

穴の中心点間の距離を測定するために，［処理関数：マシンビジョン］→［キャリパ］（図 5.113 参照）を選択し，［OK］ボタンをクリックします．キャリパ (caliper)

には，距離などを測る測定器という意味があります．図5.114に示すように，キャリパ設定の画面において，距離を測定する2点を指定し，［測定］ボタンをクリックします．引き続いて，図5.115に示すように，次に測定する2点を指定し，［測定］ボタンをクリックします．この作業を，合計4回繰り返して，4箇所の測定場所を指定した後に，［OK］ボタンをクリックします．すると，図5.116に示すように，キャリパがスクリプトに追加されます．

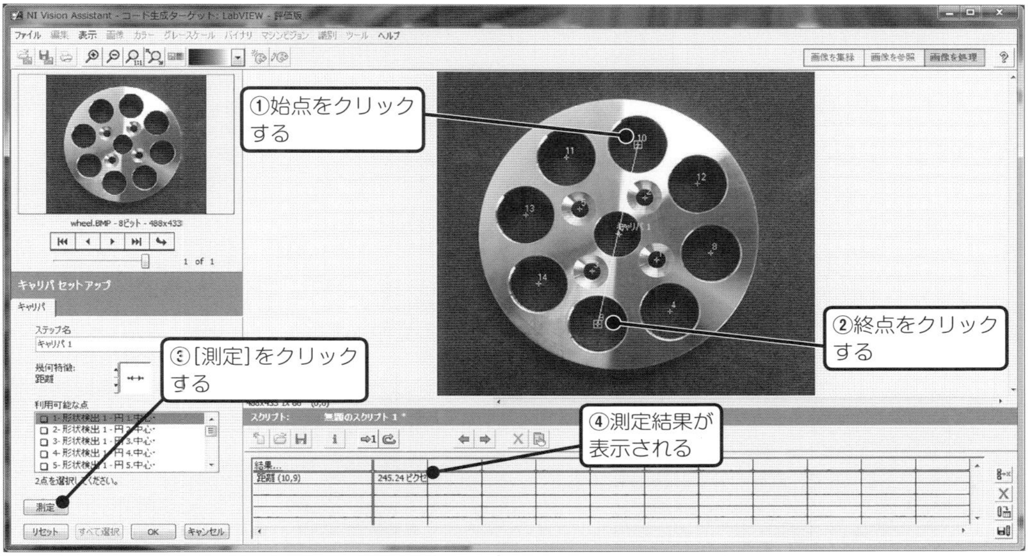

図5.114　キャリパ設定画面1

以上で，スクリプトは完成です．［1度実行］ボタンをクリックすれば，作成したスクリプトを実行することができます．スクリプト欄の［キャリパ1］アイコンをダブルクリックすれば，測定結果を表示できます（図5.117）．

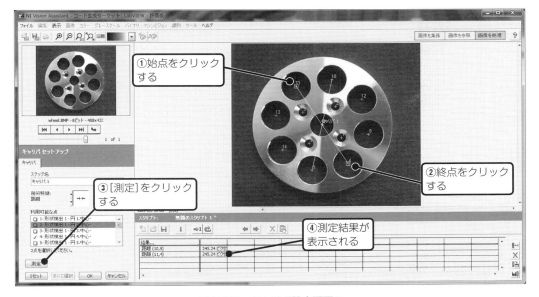

図5.115　キャリパ設定画面2

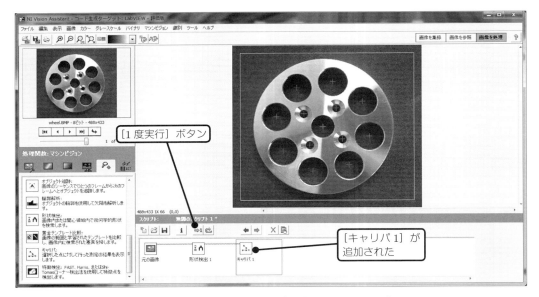

図 5.116　完成したスクリプト［samp5_10.vascr］

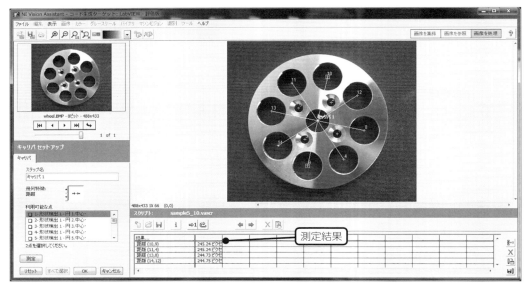

図 5.117　測定結果の表示

　このように，適切な処理を試行錯誤的に選択しながら，直接的にスクリプト（プログラム）を作成できることは，とても便利です．Vision Assistant 正規版を使用しているなら，作成したスクリプトを LabVIEW で使用できるようにサブ VI 化することが可能です．メニューバーから，［ツール］ ➡ ［LabVIEW VI を作成］を選択して，保存場所や VI 名などを指定します．作成したサブ VI について，必要に応じてコネクタの割り当てなどを行ってください（114 ページ参照）．

## 演習問題 5

1. Measurement & Automation Explorer（NI MAX）を使用して，次の①〜③の項目を確認しなさい．図5.118に，NI MAXの画面例を示す．
   ① インストールされているLabVIEWのバージョン
   ② DAQデバイスのインストールの有無
   ③ 取り付けてあるデバイス（ハードウェア）の種類

図5.118　NI MAXの画面例

2. 図5.119に示すデータ集録処理用ブロックダイアグラム［samp5_2.vi］には，［次のミリ秒倍数まで待機］関数が使用されている．この理由を説明しなさい．

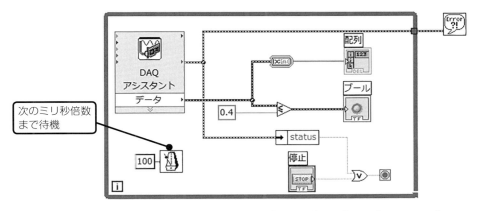

図5.119　データ集録処理用ブロックダイアグラム［samp5_2.vi］

3. インタフェース規格であるUSBとGPIBを比較して，それぞれの長所と短所を挙げなさい．

# 演習問題解答

**演習問題1**
1. ① ② ④
2. ① ② ④
3. PXIは，パソコンの機能を含んだ，バーチャル計測器用のプラットフォームである．スロットルに必要なDAQデバイスを挿入してバーチャル計測器を構成する．PXIを使用すれば，可搬性や機械的信頼性に優れた高性能なバーチャル計測器が実現できる．
4. LabVIEWでは，データフローとよばれる考え方でプログラミングを記述する言語を使用する．実際のプログラミングは，オブジェクトとよばれるアイコンを配置して，それらをワイヤで接続する．このプログラミングは，マウスを用いた視覚的な操作によって行うことができる．
5. アクティブ化とは，LabVIEWをパソコンにインストールした後に，正規版として使用できる状態にする登録操作である．インターネットを使用してアクティブ化を行うこともできる．
6. 日本NI社のホームページ「http://japan.ni.com/」にアクセスして調べてみよう．
7. 同上．

**演習問題2**
1. ① E ② B ③ C ④ A ⑤ D
2. 数値制御器と垂直フィルスライドに設定したデータを加算して，メーターに表示するプログラムである．

**演習問題3**
1. Forループを2重にした構造のブロックダイアグラムである．出力の2次元配列には内側のループが列，外側のループが行として反映される．実行結果としては，九九の表を出力する．
2. 解答例を［samp3_24.vi］として解図1に示す．

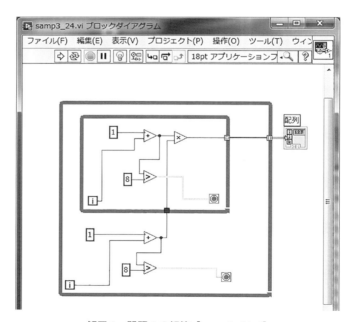

解図1　問題2の解答［samp3_24.vi］

3. ④波形チャートや波形グラフは，クラスタ化することができる．
4. 図3.123［samp3_25.vi］の左のブロックダイアグラムは，配列どうしの乗算を行っており，配列0と配列1の対応する同じ要素どうしが掛け合わされた答が出力されて

いる．一方，図 3.123 の右のブロックダイアグラムは，［配列から行列に変換］関数を 3 個用いて，配列を行列に変換してから乗算している．したがって，式(1)に示すような行列演算を行った結果が出力されている．

$$\begin{bmatrix} a_{11} & a_{12} \\ a_{21} & a_{22} \end{bmatrix} \times \begin{bmatrix} b_{11} & b_{12} \\ b_{21} & b_{22} \end{bmatrix} = \begin{bmatrix} a_{11} \times b_{11} + a_{12} \times b_{21} & a_{11} \times b_{12} + a_{12} \times b_{22} \\ a_{21} \times b_{11} + a_{22} \times b_{21} & a_{21} \times b_{12} + a_{22} \times b_{22} \end{bmatrix} \quad (1)$$

［配列から行列に変換］関数は，［関数パレット］➡［配列］➡［配列から行列に変換］で選択することができる．また，図 3.123 の右のブロックダイアグラムのように，行列の演算結果は，配列の表示器を用いて表示することもできる．なお，行列については本文中で扱っていないが，各自で実習してみよう．

**演習問題 4**
1. 配布プログラム［samp4_10.vi］，［samp4_11.vi］，［samp4_12.vi］参照．
2. 配布プログラム［samp4_13.vi］参照．
3. 配布プログラム［samp4_14.vi］参照．

**演習問題 5**
1. 各自の環境による．たとえば，図 5.118 では，LabVIEW のバージョンは 15.0.0 であり，DAQ デバイスとして myDAQ が取り付けられていることがわかる．
2. ［次のミリ秒倍数まで待機］関数を使用しない場合には，While ループがパソコンの CPU の限界速度で繰り返されてしまう．
3. USB．長所：インタフェースは，多くのパソコンに標準で搭載されている．
　　　　短所：コネクタ部分が機械的に強くない．古い測定器には搭載されていないことが多い．
　　GPIB．長所：信頼性が高く，耐ノイズ性能が高い．
　　　　短所：インタフェースボードが必要．

# 参考文献

［1］LabVIEW Basics I　初級コースマニュアル：National Instruments
［2］LabVIEW Basics II　中級コースマニュアル：National Instruments
［3］LabVIEW データ集録／プログラミングコースマニュアル：National Instruments
［4］LabVIEW 実践集中コース1 コーステキスト：National Instruments
［5］LabVIEW 実践集中コース2 コーステキスト：National Instruments
［6］LabVIEW 実践集中コース1 練習問題：National Instruments
［7］LabVIEW 実践集中コース2 練習問題：National Instruments
［8］LabVIEW 2010 プログラミングガイド：ロバート・H・ビショップ（アスキー）
［9］その他，National Instruments が公開している各種データシートなど

さくいん

## 英 数

1次元配列 84
2D 配列転置関数 127
2次元配列 84, 89, 91
ai 145
ao 150
DAQ 2
DAQ アシスタント 142, 150, 157
DAQ デバイス 2, 12, 136
Ethernet 5
Express VI 9, 123, 124
FALSE 71
FFT 2
For ループ 47
FPGA 11
GPIB 2, 12, 164
GPIB インタフェース 164
GPIB インタフェースボード 2
G プログラミング言語 45
Hewlett Packard 社 164
HP-IB 164
IEEE 488 2, 164
IMAQ Vision 176
LabVIEW 5
LabVIEW 2015 無料評価版 15
LabVIEW の起動 24
LabVIEW の終了 25
Measurement & Automation Explorer 138
MS-Excel 127
myDAQ 149
NI-DAQmx 138
NI-IMAQ 178
NI-IMAQdx 178
NI MAX 138
NI Smart Camera 176
NI Vision 13
NI Vision 開発モジュール 176
NI モーションコントロール 13
NI 社 7
NJM4580 155
OS 5
PCI 5
PCI Express 5
PXI 6
RS-232C 164
sqrt 81
TRUE 71
USB 2, 5
USB-6008 138
USB カメラ 176, 178
VI 37
VISA 168
Vision Assistant 176, 184, 187
Vision Builder for Automated Inspection 176
Vision Development Module 176
VI 階層 118
VI プロパティ 115
While ループ 59

## 和 文

### あ 行

アイコン 57
アイコンエディタ 112, 120
アイコンペーン 111
アカデミック価格 13
秋月電子通商 142
アクティブ化 20
アドオンツール 10
アナログ出力 150, 157
アナログ入力 144, 158
アナログ入力チャンネル 144
アナログ連続出力 137, 149
位相関係 160
イベントストラクチャ 82
インストール 15
エラー処理 129
エラーリスト 55
オブジェクト 9, 32, 39
オブジェクトの位置を変更 37
オブジェクトの大きさを変更 37
オブジェクトの対応 41
オペアンプ 154

### か 行

改行 129
開発システム 14
拡大 58
拡張子 37, 186
仮想計測器 2
画像処理 176
カラー画像 182
簡易ファイル I/O VI 125, 126
関数パレット 29
キャリパ 188
許容入力電圧 160
キーワード 30
クエリ 167
クラスタ 95
クラスタ関数 101
クラスタ内の順序変更 99
グラフ 66
クリーンアップ 40
グレースケール 182
形式 128
計測器ドライバ 166, 171
ケース 71
ケースストラクチャ 70
ケースの順序変更 75
ケースを並べ替え 75
検索機能 29
更新モード 65
コネクタ 114
コネクタパターン 114
コネクタペーン 114
コマンドレベル 166
コミュニケータウィンドウ 167
コメント 40, 118

### さ 行

サブ VI 110, 190
サブダイアグラム 47
サブパレット 27
サンプル 145
システム要件 15
実行順序 79
実行ボタン 36
自動指標付け 88
自動ツール選択 27
指標配列 92
指標配列関数 92, 93
指標配列関数の拡張 93
シフトレジスタ 66
集録モード 145
縮小 58
上級信号処理ツールキット 10
上級ファイル I/O 関数 125

| 初期化 | 68 |
| --- | --- |
| 初期値 | 70 |
| ショートカットキー | 43 |
| シリアル番号 | 17 |
| 信号シミュレーション | 156 |
| シンプルエラー処理 | 183 |
| スイープチャート | 65 |
| 数式処理 | 80 |
| 数値サブパレット | 42 |
| スクリプト | 186 |
| スケール | 64 |
| スコープチャート | 65 |
| スタートアップウィンドウ | 24 |
| ストラクチャ | 46 |
| ストラクチャサブパレット | 46, 59 |
| ストリップチャート | 65 |
| 制御器 | 42 |
| 制御器に変更 | 57 |
| 制御器パレット | 27, 33 |
| 正弦波 | 149, 174 |
| 製品ファミリ | 10 |
| 接続ダイアグラム | 145 |
| セルフテスト | 139 |
| セレクタ端子 | 71 |
| セレクタラベル | 71 |
| 属性 | 117 |

### た 行

| ダイアグラムのクリーンアップ | 39 |
| --- | --- |
| 待機 | 55 |
| 待機関数 | 62 |
| 待機時間 | 148 |
| タイミング | 55, 159 |
| タイミングストラクチャ | 82 |
| タイミング部 | 53 |
| 太陽電池 | 142 |
| ダウンローダ | 15 |
| 多形性 | 94 |
| 多重ループ | 89 |
| 多態性 | 94, 106 |
| タブ | 129 |
| チャート | 66 |
| 中級ファイル I/O 関数 | 125, 131 |
| 次のミリ秒倍数まで待機 | 54 |
| ツールパレット | 26 |
| ディジタルオシロスコープ | 164 |
| 停止ボタン | 36 |
| テキストファイル | 131 |
| デジタル I/O | 140 |
| テストパネルウィンドウ | 140, 141 |
| データ型 | 49 |
| データ形式 | 131 |
| データ集録デバイス | 2 |
| データ集録ドライバ | 138 |
| データ端子 | 57 |
| データフロー | 9 |
| データフロープログラミング | 9 |
| デバイスドライバ | 18 |
| デバイスピン配列 | 141 |
| デフォルト | 74 |
| 同期 | 162 |
| 統合開発環境 | 6, 7 |
| トリガ信号 | 160 |
| トリガ端子 | 161 |
| トンネル | 73, 75, 78, 80, 85 |

### な 行

| ナショナルインスツルメンツ社 | 5 |
| --- | --- |
| 名前でバンドル関数 | 105 |
| ノード | 29, 122 |

### は 行

| 倍精度型 | 101 |
| --- | --- |
| 配線ツール | 27 |
| バイナリファイル | 131 |
| ハイライト | 38 |
| ハイライト表示 | 41 |
| 配列 | 83 |
| 配列関数 | 90 |
| 配列サイズ | 92 |
| 配列サイズ関数 | 92 |
| 配列最大 & 最小関数 | 93 |
| 配列の要素 | 84 |
| 配列連結追加関数 | 127 |
| 波形チャート | 62, 64 |
| バーチャル計測器 | 2 |
| パレットの表示形式 | 28 |
| バンドル解除関数 | 105 |
| バンドル関数 | 101, 103 |
| 比較関数 | 62 |
| ビープ音 | 78 |
| 評価版 | 14 |
| 表計算ソフトウェア | 126 |
| 表示器 | 42 |
| ピン留め | 28 |
| ファイル | 125 |
| ファイル I/O Express VI | 125 |
| ファイルパス | 128 |
| ファイルを開く | 24 |
| フィードバックノード | 68 |
| フィルタ処理 | 185 |
| フォーミュラノード | 80 |
| 符号付き整数 | 52 |
| 符号なし整数 | 73 |
| 復帰改行 | 129 |
| 物理チャンネル | 144 |
| 部分配列 | 93 |
| フラットシーケンスストラクチャ | 75, 76, 80 |
| ブランク VI | 24, 48 |
| 不良ワイヤ | 56 |
| ブール型 | 73, 101 |
| ブールサブパレット | 33 |
| ブール値 | 71 |
| フレーム | 75 |
| プログラム画面 | 9 |
| プログラムの保存 | 37 |
| プロジェクトを作成 | 24 |
| ブロックダイアグラムウィンドウ | 25 |
| プロパティ | 41 |
| プロパティウィンドウ | 41 |
| プロフェッショナル開発システム | 14 |
| フロントパネル | 25 |
| ベースパッケージ | 14 |
| ヘルプ | 30 |
| ヘルプ画面 | 115 |
| 保存 | 54 |

### ま 行

| マシンビジョン | 176 |
| --- | --- |
| 目次 | 30 |
| モジュール構造 | 110 |
| モジュールを階層構造 | 118 |

### ら 行

| ラプラシアンフィルタ | 185 |
| --- | --- |
| 乱数 | 50 |
| 乱数(0-1) | 86 |
| 乱数生成関数 | 62 |
| リサジュー曲線 | 8 |
| ループ条件アイコン | 61 |
| レゴマインドストーム | 9 |
| 連続実行ボタン | 36 |

### わ 行

| ワイヤ | 9, 27 |
| --- | --- |
| ワイヤレス | 5 |
| 和関数 | 69 |

### 著者略歴

堀　桂太郎（ほり・けいたろう）
　　千葉工業大学工学部電子工学科卒業
　　日本大学大学院理工学研究科博士前期課程電子工学専攻修了
　　日本大学大学院理工学研究科博士後期課程情報科学専攻修了
　　博士（工学）
　現在　国立明石工業高等専門学校 名誉教授
　　　　神戸女子短期大学 総合生活学科 教授

〈主な著書〉
　　図解 論理回路入門（森北出版）
　　図解 PIC マイコン実習 第 2 版（森北出版）
　　図解 コンピュータアーキテクチャ入門 第 2 版（森北出版）
　　図解 VHDL 実習 第 2 版（森北出版）
　　絵とき ディジタル回路の教室（オーム社）
　　絵とき アナログ電子回路の教室（オーム社）
　　よくわかる電子回路の基礎（電気書院）
　　PSpice で学ぶ電子回路設計入門（電気書院）
　　オペアンプの基礎マスター（電気書院）
　　ディジタル電子回路の基礎（東京電機大学出版局）
　　アナログ電子回路の基礎（東京電機大学出版局）

編集担当　太田陽喬・宮地亮介（森北出版）
編集責任　藤原祐介・石田昇司（森北出版）
組　　版　ビーエイト
印　　刷　日本制作センター
製　　本　同

---

図解　LabVIEW 実習（第 2 版）　　　　　　　Ⓒ 堀桂太郎　2016
2006 年 9 月 15 日　第 1 版第 1 刷発行　　　【本書の無断転載を禁ず】
2015 年 7 月 25 日　第 1 版第 8 刷発行
2016 年 6 月 29 日　第 2 版第 1 刷発行
2022 年 4 月 15 日　第 2 版第 5 刷発行

著　　者　堀桂太郎
発行者　森北博巳
発行所　森北出版株式会社
　　　　東京都千代田区富士見 1-4-11（〒 102-0071）
　　　　電話 03-3265-8341／FAX 03-3264-8709
　　　　https://www.morikita.co.jp/
　　　　日本書籍出版協会・自然科学書協会　会員
　　　　JCOPY ＜（一社）出版者著作権管理機構 委託出版物＞

落丁・乱丁本はお取替えいたします.

**Printed in Japan／ISBN978-4-627-84632-6**

# 日本ナショナルインスツルメンツ株式会社
# 無料版LabVIEW／認定プログラムのご案内

## LabVIEW Community Edition（無料版LabVIEW）

非営利目的での使用が無料のLabVIEW Community Editionが，2020年4月にリリースされました．自宅等で本書の自習する際にご利用頂けます．詳しくは，

　　　https://www.ni.com/ja-jp/shop/labview/select-edition/labview-community-edition.html

をご覧ください．

※商用利用ではない，趣味での利用を想定しております．
※無料版は英語版であり，日本語版は現在リリースされておりません．
※学校の授業等で御利用頂く場合は，教育機関向けに販売している「有料版のLabVIEW」をご利用ください
※以下の点に関して，差分が出る可能性があります．
- インストール方法
- 操作画面（本書は日本語版の画面で説明していますが，LabVIEW Community Editionは英語です．）
- プログラム等は，基本機能を利用している状態であれば互換性がありますが，日本語版のサンプルプログラム等がダウンロードできるように公開されている場合は，LabVIEW Community Editionで読み込んだ際に，日本語が文字化けする可能性があります．

## 認定プログラム

NI製品に関する高度な知識や技術を持つ開発者としての能力などが証明できる資格です．自動計測業界において，上司や同僚さらにはクライアントに対し，NI製品を使いこなす技術力があることを証明できます．下記に認定試験の例を示します．詳しくは，

　　　https://www.ni.com/ja-jp/shop/services/education-services/certification-program.html

をご覧ください．

【認定試験の例】
■ LabVIEW　準開発者認定試験（CLAD:Certified LabVIEW Associate Developer）
■ LabVIEW　開発者認定試験（CLD:Certified LabVIEW Developer）
■ LabVIEW　設計者認定試験（CLA:Certified LabVIEW Architect）